ハヤカワ文庫 NF

〈NF551〉

ホワット・イフ?
Q1 野球のボールを光速で投げたらどうなるか

ランドール・マンロー

吉田三知世訳

早川書房

日本語版翻訳権独占
早川書房

©2019 Hayakawa Publishing, Inc.

WHAT IF?
Serious Scientific Answers to Absurd Hypothetical Questions

by

Randall Munroe
Copyright © 2014 by
xkcd Inc.
Translated by
Michiyo Yoshida
Published 2019 in Japan by
HAYAKAWA PUBLISHING, INC.
This book is published in Japan by
arrangement with
THE GERNERT COMPANY
through TUTTLE-MORI AGENCY, INC., TOKYO.

質 問

おことわり	8
はじめに	9
地球規模の暴風	12
相対論的野球	20
使用済み核燃料プール	25
〈ホワット・イフ?〉のウェブサイトに寄せられた変な（そしてちょっとコワい）質問 その1	31
ニューヨーク・スタイルのタイムマシン	32
魂の伴侶	45
レーザー・ポインター	52
元素周期表を現物で作る	64
全員でジャンプ	76
1モルのモグラ	82
ヘアドライヤー	90
〈ホワット・イフ?〉のウェブサイトに寄せられた変な（そしてちょっとコワい）質問 その2	101
最後の人工の光	102
マシンガンでジェットパックを作る	113
一定のペースで昇りつづける	121
〈ホワット・イフ?〉のウェブサイトに寄せられた変な（そしてちょっとコワい）質問 その3	127
軌道を回る潜水艦	128
手短に答えるコーナー	135
雷	142

〈ホワット・イフ？〉のウェブサイトに 　寄せられた変な（そしてちょっとコワい）質問　その4	151
人間コンピュータ	152
王子さまの星	162
ステーキを空から落として焼く	170
ホッケーのパック	178
風邪	181
半分空(から)のコップ	189
〈ホワット・イフ？〉のウェブサイトに 　寄せられた変な（そしてちょっとコワい）質問　その5	197
よその星の天文学者	198
DNAがなくなったら	204
惑星間セスナ	213
〈ホワット・イフ？〉のウェブサイトに 　寄せられた変な（そしてちょっとコワい）質問　その6	222
解説　ギモンは捨てない！　愛すべき大人たち／稲垣理一郎	223
参考文献	227

※著者による注は脚注形式のもので、数字をふって示してある。訳注と明示したもの以外、文中で（　）で囲み文字を小さくしているものが訳注および訳者補足である。

ホワット・イフ？
Q1　野球のボールを光速で投げたらどうなるか

おことわり

本書に書かれている内容をご自分で実際にお試しにならないようお願いします。著者はインターネット・コミックの作者であり、保健・衛生や安全の専門家ではありません。あくまで書いたものが好評になったり大受けしたりするのが著者にとっては喜ばしいことであり、読者のみなさんの利益が最大の眼目ではないのです。本書に含まれる情報から、直接もしくは間接的に生じた損害に関しては、それがいかなるものであろうと、出版社、著者ともに責任を負いかねます。

はじめに

　この本は、私のウェブサイトに投稿された突拍子もない、空想的な質問と、それに対する私の答をまとめたものだ。私はウェブで、理系オタクのための人生相談のようなことをやっているが（あの、アメリカの長寿人生相談コラム、〈ディア・アビー〉のような感じで）、そのほかに〈xkcd〉という、シンプルな線画のキャラクターが登場するマンガを描いている。

　私は、最初からマンガ家だったわけではない。理系の学校で物理学を学び、卒業後はNASAでロボット工学に取り組んだ。その後NASAをやめて、フルタイムのマンガ家となったが、科学と数学への興味が薄れることはなかった。やがて私は、この興味を新たに追求できる道を見つけた。「私のウェブに投稿されてくる、変てこで、しばしば厄介な質問に答える」というのがそれだ。本書は、そんな形でウェブサイトで提供したもののなかでも、私が特に気に入っている回答を集め、さらに本書のために、あれこれの妙ちきりんな質問に新たに答えたものを掲載している。

　数学を使って妙な質問に答える、というのは、自分で憶えている限り、生まれてこのかた私がしてきたことだ。5歳のとき私が母と交わした会話を、母がメモして、アルバムにはさんで大事に取っておいてくれたのがひとつの証拠だ。私がこの本を書いていると知って、そういえばあのメモがあったはずだと思い出した母は、わざわざ見つけて私

に送ってくれた。母が25年間保管していた紙には、このように書かれていた。

ランドール 「うちには、柔らかいものと硬いものでは、どっちがたくさんあるの?」
ジュリー 「さあ」
ランドール 「世界全体だとどっち?」
ジュリー 「さあねえ」
ランドール 「ねえ、どこのうちにも枕が3つか4つあるよね?」
ジュリー 「そうね」
ランドール 「それに、どこのうちにも磁石が15個ぐらいあるでしょ?」
ジュリー 「そうでしょうね」
ランドール 「じゃあ、15足す3か4、えーと、4にしよう。15足す4は19だよね?」
ジュリー 「そうそう」
ランドール 「すると、たぶん、柔らかいものは30億個ぐらいで……硬いものは50億個ぐらいあるってことだよね。じゃあ、どっちが多い?」
ジュリー 「硬いほうだと思うわ」

このとき私が何を根拠に「30億個」と「50億個」という数を導き出したのか、今となってはまったくわからない。当時は数がどういうものか、よくわかっていなかったのだ。

この25年で私の数学力は多少は向上したが、私が数学を使う理由は5歳のころから変わっていない。それは、質

問に答えたいからだ。

　ばかげた質問など存在しないと人は言う。それはどう考えても間違っている。たとえば、私が5歳のときにした柔らかいものと硬いものについての質問は、まったくばかげていたと思う。しかし、ばかげた質問にきちんと答えようと努力することで、ものすごく面白いことが見えてくるのだ。

　世界全体で、柔らかいものと硬いもののどちらが多いのかはいまだにわからないが、この取り組みを通して、それ以外のことをいろいろと学んだ。この旅で私が通ったスポットのうち、選りすぐりの楽しいものを、これからご紹介していこう。

　　　　　　　　　　　　　　　ランドール・マンロー

地球規模の暴風

質問. のっかっている全部のものともども地球が自転をやめたのに、大気だけが元のままの速度で運動しつづけたら、どんなことになるでしょうか？
――アンドリュー・ブラウン

答. ほとんどすべての人が死ぬだろう。しかし、ことが面白くなるのはそのあとだ。

赤道の位置では、地球の表面は、地軸に対して秒速約470メートル（時速約1600キロメートル）で動いている。したがって、地球の自転は止まったのに大気の回転は止まらなかったとすると、赤道の上では突然時速1600キロの風が起こるだろう。

このとき起こる風は、赤道上で最強だが、北緯42度と南緯42度のあいだに暮らすすべての人が、突然超音速の暴風に見舞われるだろう。ちなみに、この範囲に世界の総人口の約85パーセントが暮らしている。

地表付近では、地面との摩擦で風が弱まるので、最強の風が吹き荒れる時間はわずか2、3分のことだろう。だが、2、3分もあれば、人間が造った構造物のほぼすべてが破壊されてしまうだろう。

私が住むボストンはかなり北にあるので、暴風が超音速になるエリアからかろうじて外れているが、それでも、最強の竜巻の2倍の強さの暴風が吹くと予測される。納屋から高層ビルに至るまで、あらゆる建物は基礎の部分から根こそぎにされてつぶされ、地面を転がってどこかへ行ってしまうだろう。

 南極と北極に近いところでは風は比較的弱いだろうが、破壊を免れるに十分赤道から離れたところには、都市など存在しない。世界一緯度が高い町、ノルウェーのスヴァールバル諸島にあるロングイェールビンも、地球最強の台風に匹敵する暴風で破壊されるだろう。

 この暴風がおさまるまで待つつもりなら、いちばんいい場所のひとつがフィンランドのヘルシンキだ。北緯60度以上の高緯度とはいえ暴風による被害は免れないだろうが、ヘルシンキは地表近くに硬い岩盤があり、その岩盤をくりぬいて作ったトンネル網が張り巡らされており、ショッピングモール、ホッケー競技場、水泳施設その他の都市施設が地下に完備している。

安全な建物などありえないだろう。暴風でも持ちこたえられる頑丈な建物だって危ない。コメディアンのロン・ホワイトがハリケーンについて語ったように、「問題は、風が吹いているってことじゃなくて、風が何を吹き飛ばしているかなんだ」

たとえば、あなたの家が、時速1600キロの暴風に耐えられる素材でできた巨大な暴風壁で囲まれているとしよう。

「そして92匹めの子ブタは、劣化ウランで家を建てました。これにはオオカミも、『おいおいそれはないぜ』と言うほかありませんでした」

そりゃあよかったね。きっと君は大丈夫だ……暴風壁で囲まれているのが君の家だけだったならね。残念ながら、隣近所にも家が建っているだろう。そして、君の風上にある家の暴風壁が、地面にしっかり固定されていなかったなら、君の家の暴風壁は、隣の暴風壁が時速1600キロでぶつかる衝撃にはとても耐えられないだろう。

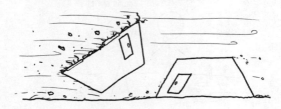

だが、人類は絶滅しないだろう⁽¹⁾。地表より上にいる人はまず助からないだろう。核爆発に耐えうる強度がないものはすべて、飛んでくる瓦礫（がれき）で粉々に破壊されるだろう。しかし、地面より下にいる人の多くはうまく生き残れるだろう。この事態が発生したときに、深いところにある地下室（地下鉄のトンネルならなおいい）にいたなら、君が生き残る可能性は十分ある。

運よく生き残るであろう人々はほかにもいる。南極のアムンゼン＝スコット基地にいる科学者や職員には風の危険はないだろう。彼らには、外の世界が突然静かになってしまったことが、異変の最初の兆候となる。

彼らは奇妙な静寂にしばらく戸惑うだろうが、やがて誰かが、もっとおかしなことに気づくはずだ。

大気

地表の暴風がおさまると、事態はますます異様なことになるだろう。

破壊的な風は、破壊的な熱波へと変わるだろう。通常、

（1） つまり、すぐには絶滅しないという意味。

風の運動エネルギーは無視できるほど小さいが、これは通常の風ではない。こんな暴風が急停止したなら、大気の温度は急上昇するだろう。

このため陸地では猛烈な温度上昇が起こり、大気の湿度が高いところでは、地域全体が凄まじい雷雨に見舞われるだろう。

同時に、熱波が海上を進むことによって、海水の表層がかき乱され、霧状になるだろう。しばらくのあいだ、海には表面と呼べるものがなくなるだろう。どこまでが霧で、どこからが海なのかわからなくなるからだ。

海は冷たい。薄い表面層の下側では、海はほぼ均一に4℃だ。しかし、この熱波が起こす大嵐で、冷たい海水が底のほうからかき乱される。そうして、異常に高温になった大気に低温の水煙が送り込まれると、それまで地球では見られなかったような気象が起こるだろう。風、水煙、霧がぐちゃぐちゃに混在し、気温が目まぐるしく変化する、ものすごい気象だ。

このように海水が湧き上がると、海の上層部に新たな栄養分が大量に送り込まれ、さまざまな生物が急激に繁殖するだろう。その一方で、魚、カニ、ウミガメなど、深海から酸素濃度の低い水が流れ込んでくるのに適応できない動物は絶滅してしまうだろう。クジラやイルカなど、呼吸が必要なすべての動物は、海と大気の境目がはっきりしないという厳しく追いつめられた環境で、生き残るのは難しくなるだろう。

地球の至るところで東から西に向かう波が起こり、東側に海があるすべての海岸を、世界史上最大の嵐が襲うだろ

う。雲状になり、視界が利かなくなるほどの水煙が内陸にまで流れ込み、その背後から逆巻く大波が壁のように立ち上がって、まるで地震のときの津波のように押し寄せてくるだろう。場所によっては波が何キロも内陸まで入ってくる。

　暴風が大量の埃と瓦礫を大気に巻き上げるだろう。一方、冷たい海の表面は、濃霧に覆われるだろう。このような状況になると、通常は地球全体で温度が下がる。そして実際そうなるだろう。

　少なくとも地球の片側では。

　地球の自転が停止すると、通常の昼と夜のサイクルはなくなる。太陽は日に1度昇って沈むのではなく、年に1度昇って沈むようになり、見えている限り、完全に停止することなくゆっくりと空を渡っていくだろう。

　昼と夜の長さは、赤道地帯に至るまで、6ヵ月ずつになるだろう。昼間になっている側では、地表を日光が照らしつづけるが、夜側では温度が極端に下がるだろう。昼側の大気が対流を起こし、太陽直下の領域では台風が起こるかもしれない[2]。

今までの昼と夜のサイクルがなくなったら、このグレムリンたちにいつ餌をやればいいんだい？

―――

（2）　コリオリの力があれば台風は必ず右巻きだが、それがなくなるので、この台風が右巻きになるか左巻きになるかはわからない。

この状態の地球は、赤色矮星に付随する生命居住可能領域でこのごろよく見つかる、太陽系外惑星に似ていると言える。こうした惑星は潮汐力によって赤色矮星に拘束されているため、常に主星に同じ面を向けているからだ。しかし、誕生して間もないころの金星こそ、自転が止まって異常な状況になった地球に最も近そうだ。私たちが今想定している自転が停止した地球と同じように、金星は数カ月にわたって太陽に同じ面を向けている。だが金星では大気の密度が非常に高く、大気の循環が速いため、昼側と夜側の温度はほぼ同じだ。

　1日の長さは変わるだろうが、ひと月の長さは変わらない！　月はまだ地球の周りを回りつづけているからだ。だが、月にも変化は及ぶ。現在月は、地球から遠ざかっている。これは、潮の満ち干で地球の自転が減速される分のエネルギーが月に与えられて、月の公転軌道が大きくなるからだ。地球の自転が完全に止まってしまえばこのエネルギー移動がなくなり、月は遠ざかるのをやめ、逆に徐々に地球のそばに戻ってくるだろう。

　じつのところ、地球の忠実な相棒、月は、アンドリューの質問で想定されている自転停止というダメージを元に戻してくれるはずなのだ。現在、地球の自転は月の公転より速く、地球＝月系の潮汐によって地球の自転が減速する一方、月は地球から遠ざかっている。[3] もしも地球の自転が止まったら、月が地球から遠ざかる動きも止まる。この時

（3）　なぜこうなるかの説明は、http://what-if.xkcd.com/26 の「うるう秒」の項を参照。

点から、地球＝月系の潮汐は、地球の自転を加速するように働きはじめる。こうして、静かにゆっくりと月の引力が地球に働きつづけ……

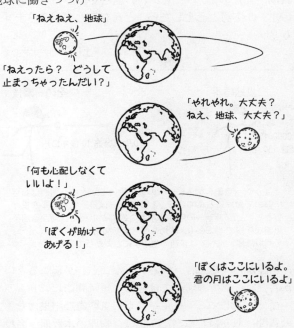

……やがて地球はふたたび自転し始めるだろう。

相対論的野球

質問． 光速の90パーセントの速さで投げられた野球のボールを打とうとしたら、どんなことが起こりますか？

——エレン・マクマニス

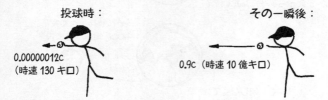

どうやってそんなスピードの球を投げるかという問題はわきに置いておくことにしよう。ピッチャーは普通にボールを投げるとし、ピッチャーの手から離れた瞬間、ボールは何か摩訶不思議な手段で0.9c（cは光速度）まで加速するものとしよう。それ以降は、すべては普通の物理学にしたがって進む。

答． 結論からすると、「いろいろなこと」が起こるというのが答だ。そして、すべては極めて短時間に起こり、バッターには（そしてピッチャーにも）気の毒な結果になる。この質問に取り組むに当たり私は、物理の本数冊、名投手ノーラン・ライアンのアクションフィギュア1体、核実験の動画多数を準備し、すべてを明らかにしようとがんばった。ここに、1ナノ秒ごとに何が起こるかを検討して、私が推測しえた最も確かな結果をご紹介する。

ボールが極めて高速なので、それ以外のものは事実上静止していると見なせるだろう。空気中の分子さえもがじっ

としているはずだ。空気の分子は時速数千キロの速さで振動しているだろうが、ボールは時速約10億キロで飛んでいる。したがって、ボールにとっては、空気分子など停止しているのと同じだろう。

ここでは空気力学の考え方はまったく使えない。空気中を何かが運動している場合、空気はその物体を避けるようにして、その周囲をぐるりと回って流れるのが普通だ。しかし、このボールの前にある空気分子には、わきへよける時間がない。ボールは分子に激突し、空気分子はボールの表面の分子と核融合するだろう。衝突のたびに大量のガンマ線が放射され、核融合によって生じた粒子が周囲に散乱するだろう。[1]

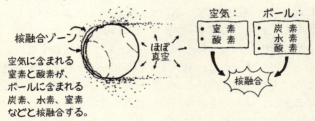

核融合ゾーン
空気に含まれる窒素と酸素が、ボールに含まれる炭素、水素、窒素などと核融合する。

ほぼ真空

空気：
・窒素
・酸素

ボール：
・炭素
・水素
・酸素

→核融合

ガンマ線も核融合生成物の破片も、ピッチャー・マウンドを中心に、球形に広がっていく。巨大な泡のように。ガンマ線と核融合生成物は、空気中の分子の原子核から電子

---

[1] この文章を最初に公表したあと、MITの物理学者であるハンス・リンダークネヒトが、自分のラボでこのシナリオをシミュレーションしてみたと言ってきた。彼によれば、投球直後は空気分子の速度が速くてボールをよけていってしまうために核融合が起こるには至らず、上で書かれているよりも時間をかけて、均一に温度上昇が起こる。

を奪い去り、空気分子をずたずたに破壊しはじめる。球場内の空気は高温のプラズマと化し、膨張する。この「ガンマ線＋核生成物」の球の表面は、ボールそのものよりもほんの少しだけ先に、光速に近いスピードでバッターに近づく。

ボールの前で核融合が起こりつづけるので、ボールは押し戻され、スピードが落ちる。まるで、エンジンを稼働させた状態で逆向きに飛んでいるロケットだ。だが残念ながら、ボールの速度があまりに大きいため、この熱核融合でものすごい力が生じても、ボールはたいして減速しない。とはいえ、やがてボールの表面はむしばまれはじめ、ボールの超微小片が四方八方に吹き飛ばされる。この超微小片は超高速で飛び散っているので、空気分子とぶつかると、あらたに核融合のプロセスが2つ3つ引き起こされる。

約70ナノ秒後、ボールはホームベースに到着する。このときバッターには、ピッチャーがボールから手を離すところすらまだ見えていない。なぜなら、この情報を運んでいる光は、ボールとほぼ同時に到着するはずだからだ。空気との衝突で、ボールはほとんどあとかたもなくなっているだろうし、先ほどまで泡状だった膨張するプラズマの雲（主に炭素、酸素、水素、窒素からなる）は、先端が尖った細長い弾丸形になって空気中を突進し、進みながらどんどん核融合を引き起こしているだろう。一番外側のX線の層が最初にバッターにぶつかり、続いて数ナノ秒後、核生成物微粒子の雲がぶつかるだろう。

 ホームベースに到達するころ、プラズマ雲の中心は依然として光速にかなり近い速度で運動している。最初にバットにぶつかり、続いて、バッター、ベース、キャッチャーが巻き込まれ、それらはすべて崩壊して微粒子となって、バックネットをすり抜けてグラウンドの外へ飛び去る。最外殻のX線層と超高温のプラズマは外側へ、かつ上側へと膨張し、バックネット、両チーム、観客席、そして近隣を飲み込んでいく。ここまでが最初の1マイクロ秒に起こる。

 あなたは町はずれの丘の上から様子を見ているとしよう。最初に見えるのは、太陽よりはるかに明るい、目もくらむような光だ。この光は2、3秒で弱まり、次に火の玉が膨張したかと思うと、やがてキノコ雲になって空高く伸びていく。そして、轟音とともに爆発が起こり、木々はずたずたに引き裂かれ、家屋は粉々に破壊される。

 球場の1.5キロ以内にあるものはすべて潰え去り、周辺の市街地全体が猛火に包まれる。球場のダイヤモンドだった場所はいまや、かつてバックネットがあったところより数十メートルから100メートルほど外の地点を中心とする、巨大なクレーターとなっている。

　メジャーリーグ・ベースボール規則 6.08(b) によれば、この状況では、バッターは「死球」を受けたと判断され、1塁に進むことができるはずだ。

使用済み核燃料プール

質問. 普通の使用済み核燃料プールで泳いだらどうなるでしょうか？ 潜水さえしなければ、致死量の放射線を実際に浴びたりはしないのでは？ ずっと水面にいるとして、どれくらいの時間なら安全ですか？
——ジョナサン・バスティアン゠フィリアトロー

答. あなたがそこそこ泳ぎがうまいと仮定すると、立ち泳ぎ状態で10から40時間ぐらいは生き延びることができるだろう。それを過ぎると、あなたは疲労で気を失い、おぼれてしまうだろう。このことは、水底に核燃料がないプールについても言える。

原子炉の使用済み核燃料は放射能が極めて高い。水は放射線を遮蔽するにもよし、冷却にもよしというわけで、使用済み核燃料は2、30年にわたりプールの底に貯蔵され、十分不活性になるのを待ち、その後、水による冷却を必要としない「乾式キャスク」と呼ばれる容器に移される。使用済み燃料を入れた乾式キャスクをどこに保管するかについては、まだ意見が一致していない。遠からずはっきりさせないといけないが。

典型的な燃料貯蔵プールは、こんな構造になっている。

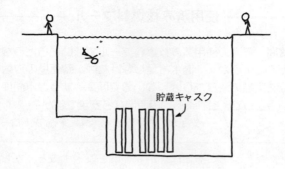

貯蔵キャスク

　熱が問題になることはないだろう。燃料プールの水温は、理論的には50℃まで上がりうるが、実際には、普通25℃と35℃のあいだだ。普通のプールより暖かく、風呂より冷たい。

　原子炉から取り出されてまだ間もない燃料棒が、最も放射能が高い。使用済み核燃料が出す放射線は、水中を7センチメートル進むごとに線量が半減する。今私が見ているオンタリオ・ハイドロ社（カナダのオンタリオ州の州営電力会社で、20世紀末に解体されて今は存在しない）の報告書に掲載されている放射能レベルのデータを元に考えると、新しい使用済み燃料棒の危険領域は、このような範囲だと推定できる。

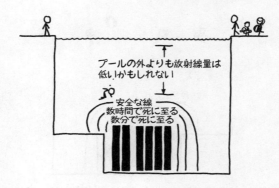

　プールの底まで泳ぎ、原子炉から移されたばかりの燃料容器にひじが触れたあと、あわてて水面まで泳いで戻るだけでも、死んでしまっても不思議はないほど被曝するだろう。

　しかし、絵に示した一番外側の境界線の内にさえ入らなければ、好きなだけ泳いで大丈夫だろう。燃料棒からの線量は、普通の生活で受ける通常の背景線量より低いくらいなのだから。実際、水中にいるあいだは、この通常の背景線量をかなりの程度遮ることができる。使用済み燃料プールで立ち泳ぎしているほうが、道を歩いているよりも、受ける線量は実際に少ないかもしれないのだ。

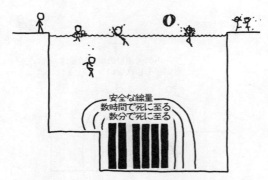

ご注意：私はマンガ家です。放射性物質の安全性に関する私のアドバイスに従われる場合、どんな目に遭っても、それは自己責任とお考えください。

ここまでは、すべてが想定どおりだった場合の話だ。使用済み燃料棒の容器が腐食している場合、水中に核分裂生成物が存在する可能性がある。この物質は、結構な働きぶりで水を清潔に保ってくれるし、これが混ざった水のなかで泳いでも何の害もない。しかし、放射能はあるので、ペットボトルに入れて販売することは法律に反する。[1]

使用済み燃料プールで泳いでも安全だということは、メンテナンスのために定期的に担当者が水中に潜って作業していることから明らかだ。

だが、この潜水作業員は注意が必要だ。

2010年8月31日、スイスのライプシュタット原子力発電所で、ひとりの作業員が使用済み燃料プールに潜ってメンテナンスをしていた。プールの底に、見覚えのない長い

（1） これはじつに残念だ。すごいエナジードリンクになるだろうに。

管があるのを見つけた彼は、無線で上司に連絡し、指示を仰いだ。道具を入れるバスケットに収容するよう言われ、彼はそれに従った。プール内では泡の音がブクブク結構激しかったので、彼は放射線アラームが鳴ったことに気づかなかった。

 道具バスケットが水から引き上げられた瞬間、室内に設置されていた放射線アラームが鳴りだした。バスケットを水中に投げ捨て、作業員はプールから出た。作業員の線量計バッジは、通常よりも高い全身線量を浴びていたことを示しており、特に彼の右手の被曝量が異常に高かった。

 彼が見つけた管は、炉内に設置された計測装置の保護チューブだったとわかった。中性子の流れに曝されていたから当然、高い放射性を帯びている。2006年に行なわれたカプセルを閉じる作業の際に外れてしまったのだ。プールの隅のほうに落ちてしまい、4年間気づかれぬままそこに沈んでいたというわけだ。

 被覆管の放射線量は極めて高かったので、もしも作業員がツールベルトにさしたり、ショルダーバッグに入れたりしていたなら死んでいただろう。実際には、水が守ってくれたおかげで、彼の手だけが高い線量を受けたのだった。さいわい手は、デリケートな内臓に比べて放射線によく耐える。

このように、水泳の安全に関する限り、底まで潜ったりせず、見慣れぬものを拾ったりしないなら命に危険はないだろうというのが結論だ。

　しかし、いちおう念のために、研究用原子炉で働いている友人に連絡し、誰かが彼のプール型研究用原子炉で泳ごうとしたらどうなると思うか訊いてみた。

「う・ち・の原子炉で?」と言ったあと、彼はちょっと考えていた。そしてこう答えた。「まあ、すぐに死ぬだろうね。水に入らないうちに、撃たれてね」

〈ホワット・イフ?〉のウェブサイトに寄せられた変な(そしてちょっとコワい)質問 その1

質問. 熱いコーヒーを飲んだら割れてしまうほどの低温に歯を冷やすことはできますか?

――シェルビー・ヘバート

ありがとう、シェルビー。
何度も見てしまう悪夢がひとつ増えたよ。

質問. アメリカでは毎年何軒の家が全焼していますか? その数を大幅に増やす(たとえば、少なくとも15パーセントとか)一番簡単な方法は何でしょうか?

――匿名

もしもし、警察ですか?
私は読者投稿を受けつける
ウェブサイトをやってるんですが……

ニューヨーク・スタイルのタイムマシン

質問. 過去にタイムトラベルする人は、出発したときにいた地球上の地点の過去に行くんですよね。少なくとも、『バック・トゥ・ザ・フューチャー』の映画ではそうなっていました。だったら、ニューヨークのタイムズ・スクエアから出発して、1000年遡ったらどんなことになりますか？ 1万年だったらどうですか？ 10万年、100万年、10億年遡ると、それぞれどんな様子でしょうか？ そして、100万年先の未来まで行くとどうなっていますか？

——マーク・デットリング

答. 1000年前。

マンハッタンには、この3000年のあいだ絶えず人間が暮らしてきた。また、最初に人間が定住しはじめたのは9000年ぐらい前のことのようだ。

17世紀、ヨーロッパ人たちがやってきたとき、このあたりにはレナペの人々が住んでいた[1]。レナペは複数の部族がゆるやかな同盟関係で結ばれたもので、現在のコネチカット、ニューヨーク、ニュージャージー、デラウェアにあたる領域に暮らしていた。

1000年前も、おそらく同じような部族がこのあたりに住んでいたと思われるが、ヨーロッパ人がやってくる500年ほど前のことなので、17世紀のレナペが現代とはかけ

---

(1) デラウェア族とも言う。

離れた暮らしぶりだったくらいには、1000年前の部族たちも17世紀のレナペとは違っていただろう。

街ができる前に今タイムズ・スクエアがある場所がどんな様子だったかを知るために、〈ウェリキア（Welikia）〉という名前の注目すべきプロジェクトを見てみよう。ウェリキアは、もっと小規模な〈マナハッタ（Mannahatta）〉という名称の同様のプロジェクトが発展したもので、ヨーロッパ人がやってきたころのニューヨーク・シティの様子を、詳細な生態系マップとして再現している。

インターネットでwelikia.orgにアクセスすれば閲覧できる双方向的なこのマップは、今とはまったく異なるニューヨークの姿をとらえた素晴らしいスナップショットだ。1609年、マンハッタン島はゆるやかに起伏する丘陵地、沼地、森林、湖、川が織り成す風景の一部だった。

1000年前のタイムズ・スクエアは、生態系としては、ウェリキアが描いているタイムズ・スクエアとほぼ同じに見えただろう。一見、今なおアメリカ北東部の数カ所に残る原生林とよく似ていたのだろうと思える。しかし、大きな違いがいくつかありそうだ。

1000年前には、もっと大きな動物がいたはずだ。現在アメリカ北東部にある原生林は、分断されて継ぎはぎだらけになっているので、大型肉食動物はほとんどいない。クマ、オオカミ、コヨーテがわずかに生息しているだけで、ピューマは事実上絶滅している（一方、シカの数は爆発的に増加している。その理由のひとつは、これらの大型肉食動物がいなくなったことにある）。

1000年前、ニューヨークの森林は、もっぱらクリの木

ばかりだったようだ。20世紀前半にクリ胴枯病が蔓延する前、北米東部の広葉樹林の約25パーセントがクリの木だった。現在、クリは切り株しか残っていない。

今でも、ニューイングランドの森林でクリの切り株を見かけることがある。ときおり、新しい若枝が伸びている。しかし、やがて胴枯病にむしばまれ、若枝は枯れてしまう。近い将来、最後の切り株も枯死してしまうだろう。

1000年前、森林には多くのオオカミが生息していただろう。内陸に行くほどその数は増えたはずだ。ピューマ(2 3 4 5 6)とリョコウバト(7)も珍しくなかっただろう。

1000年前には決して見かけなかったであろう生き物が

（2）　クーガーとも言う。
（3）　マウンテン・ライオンとも言う。
（4）　オオヤマネコとも言う。
（5）　ヒョウとも言う。
（6）　ペインティド・キャットとも言う。
（7）　無数のハトをヨーロッパからの移民たちが目撃していたというのは変だと思われるかもしれないが、『1491──先コロンブス期アメリカ大陸をめぐる新発見』という著書のなかでチャールズ・C・マンは、移民が目撃した大量のハトは、天然痘、イチゴツナギ、ミツバチなどの渡来によって生態系がカオス的混乱をきたした結果ではないかと論じている。

ひとつある。ミミズだ。ヨーロッパからの入植者たちがやってきたころには、ニューイングランドにミミズはいなかった。ミミズがいなかった理由をさぐるために、もう1段階遠い過去に行ってみよう。

1万年前

　1万年前の地球は、長い氷河期からいよいよ抜け出そうとしていた。

　ニューイングランドを覆っていた分厚い氷床は北へ退いた。2万2000年前の時点で、氷床の南端はスタテン島付近だった。しかし1万8000年前ごろまでに、ヨンカーズの北まで後退してしまった。(8)私たちが今やってきた、1万年前という時点では、氷はすでに現在のカナダ国境の北側まで退いていた。

　氷床は、岩盤が露出するところまで地面を削り尽くした。

（8）つまり、現在ヨンカーズのあるところ、ということだ。ヨンカーズとは17世紀終わりのオランダ移民とともに持ち込まれた呼び名だから、当時は呼び名は違っていただろう。ただ、ヨンカーズという名の場所は人類、あるいは地球と同じくらい古くからずっとあった、とする人もいる。なにを隠そう、私のことだが、こちとら声が大きいんでね。

続く1万年のあいだに、生物は徐々に北へと戻っていった。早く戻った種もあれば、なかなか戻らなかった種もあった。ヨーロッパ人たちがニューイングランドにやってきたころ、ミミズはまだ戻っていなかった。

後退する氷河は、割れて落ちた大きな氷の塊を残していった。

このような氷の塊が溶けたあとの地面の窪みには水が溜まり、池ができる。**釜状凹地池**（かまじょうおうち）と呼ばれるものだ。クィーンズ区のスプリングフィールド・ブールバードの北端近くにあるオンタリオ湖は、このような釜状凹地に水が残された例だ。氷河は移動しながら取り込んだ巨岩を、北へ後退する途中で落としていくこともあった。これがいわゆる**迷子石**で、今でもセントラル・パークで見つかる。

氷の下では、氷が溶けた水が川となり、高い圧力がかかった状態で流れており、砂や小石の堆積が進んだ。こうして堆積した砂や小石は、細長い峰となって今も残っている。**エスカー**と呼ばれるこのような峰が、ボストンの我が家のすぐ外にある森のなかを縦横に走っている。エスカーのおかげで珍しい地形がいろいろとできる。世界でもここでしか見られない、垂直に切れ込んだU字谷もそのひとつだ。

「変だな。このエスカーは、ぐるっと回って結局自分につながってるよ」

「ほんと、M・C・エッシャーならぬM・C・エスカーだ」

10万年前

10万年前の世界は、見かけは今の世界とあまり変わらなかったようだ。現在も、ごく短期の、脈動的な氷河活動(9)が起こっているが、この1万年のあいだ、地球の気候はずっと安定して温暖だ。(10)

10万年前の地球では、ちょうど今と同じように気候が安定した、**サンガモン間氷期**と呼ばれる時期が終わろうとしていた。このサンガモン間氷期が、私たちが見慣れている生態系が発展する舞台になったと考えられる。

しかし、海岸の地形は今とはまったく違っていただろう。スタテン島、ロングアイランド、ナンタケット島、マーサズ・ヴィニヤードなどはすべて、氷河が一番最近ブルドーザーのように前進した際に押し上げられてできた隆起だ。10万年前の海岸沖には違う島々が浮かんでいた。

さまざまな鳥、リス、シカ、オオカミ、アメリカクロクマなど、現在の動物の多くが当時の森にも見られただろう。

---

(9) 看板はさすがに少なかったが。
(10) というか、安定していた。私たちのせいで事態が変わりつつある。

しかしほかにも、今では絶滅してしまった2、3の印象的な種が存在していた。これらの種について知るために、まずはプロングホーンの謎について見てみよう。

現在のプロングホーン（アメリカン・アンテロープ）には謎がある。プロングホーンは走るのが速いことで知られているが、じつのところ、必要以上に速すぎる。時速約90キロメートルで、このスピードを落とさずに長距離を走ることができる。しかし、プロングホーンの捕食者のうち最も速いオオカミやコヨーテは、時速60キロで短距離を走るのが関の山だ。いったいどうしてプロングホーンは、そんなに速く走れるよう進化したのだろう？

プロングホーンが進化したとき、その周りの世界は今私たちが暮らしている世界よりもはるかに危険だったから、というのがその答だ。10万年前、北米の森林にはダイアウルフ、ショートフェイスベア、サーベルキャットといった、現在の捕食者よりも走るのが速く、はるかに危険だったと思われる動物が生息していた。人間が初めて北米大陸で暮らしはじめた直後に起こった新生代第4紀の大量絶滅で、これらの捕食者はすべて死に絶えた。[11]

もう少し時代をさかのぼると、また別の恐ろしい捕食者が存在した。

100万年前

100万年前、一番最近の大氷河期に入る前、世界はかなり暖かかった。第4紀の中ごろのことだ。数百万年前から

---

(11) 念のために言っておくが、こうなったのはまったくの偶然である。

大規模な氷河期は何度かあったが、氷河の拡大と後退はそれほど起こらず、気候が比較的安定した時期がしばらく続いていた。

先ほど10万年前の時点で見た、プロングホーンを餌食にしていたと推測される足の速い捕食者たちのほかに、100万年前にはもう1種類、恐ろしい肉食動物がいた。現在のオオカミに似た、四肢の長いハイエナである。ハイエナは主にアフリカとアジアに生息していたが、海水位が下がったときに、ひとつの種がベーリング海峡を渡って北米に到達した。この海峡を渡った唯一のハイエナだったので、カスマポルテテスと名づけられた。「割れ目を渡った者」という意味だ。

さて、マークの質問に答えるには、このあとさらに遠い過去に向かって大ジャンプをしなければならない。

10億年前

10億年前、大陸プレートはすべてくっついて、ひとつの巨大な超大陸を作っていた。ただし、あの有名な**パンゲア大陸**とは違う。その前に存在した**ロディニア大陸**だ。地質学的な記録はまだばらばらで整理されていないが、現時点での最善の推測では、こんな状態だったと考えられる。

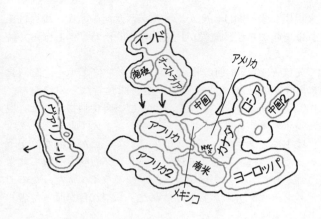

　ロディニアの時代、現在マンハッタンの下にある岩盤はまだ形成されていなかったが、北米の地底深くの岩はできてから長い歳月が過ぎていた。ロディニア大陸の、今のマンハッタンにあたる部分は、現在のアンゴラや南アフリカのあたりにつながる内陸地帯だったのだろう。

　この古代世界には、植物も動物も存在しなかった。海には生き物が満ち溢れていたが、単純な単細胞生物ばかりだった。海面は藍藻に覆われていた。
　　　　　らんそう

　この一見地味な生き物たちこそ、生物の歴史のなかで最も恐ろしい殺し屋だ。

　シアノバクテリアとも呼ばれる藍藻は、地球にはじめて登場した光合成を行なう生き物だ。二酸化炭素を取り込み、酸素を放出した。酸素は反応性が高い気体で、鉄を錆びさせ（酸化）、木を燃やす（激しい酸化）。藍藻がはじめて出現したとき、藍藻が放出する酸素は、ほかのほぼすべての

生物にとって有害だった。その結果起こった絶滅が、いわゆる**酸素カタストロフィー**だ。

藍藻が地球の大気と海に酸素を満たしたあと、酸素の反応性の高さを利用して新しい生物学的プロセスを可能にするような生物が進化した。私たちは、この最初の酸素呼吸生物の子孫なのだ。

この歴史の詳細については、まだ多くのことが明らかになっていない。10億年前の世界を再現するのは難しい。だが、マークの質問の残りに答えるため、私たちはこれよりも一層あやふやにしかわからない領域、未来を訪ねなければならない。

100万年後

人類はいつかは絶滅する。それがいつなのかは誰にもわからないが[12]、永遠に生きつづけるものはない。もしかしたら、人類はあちこちの星に散らばって、数十億年、数兆年存続するかもしれない。しかし、文明が崩壊し、病気と飢饉で人類が全滅してしまったり、最後の人類がネコたちの餌食になってしまう可能性だってある。あるいは、あなたがこの文章を読んだ数時間後にすべての人間がナノボット（ナノレベルの小さな機械、ナノマシンのうち、生命体をモデルに作られた兵器。空想上の存在）に殺されてしまうかもしれない。知る手だてはまったくない。

100万年といえば極めて長い時間だ。ホモ・サピエンスが登場してから経過した時間の数倍の長さだし、人類が書

（12） 異論がおありならばメールで。

き言葉を使うようになってからの時間と比べれば100倍の長さだ。このあと人類の歴史がどう展開しようとも、100万年後には、人類はもはや現在の状態にはいないと考えていいだろう。

人類が消えても、地球の地質学的活動は粛々と続くだろう。風、雨、風塵が、私たちの文明が作ったものを解体し埋めてしまうだろう。人間がもたらした気候変動のせいで、次の氷河期が始まるのは遅くなるだろうが、氷河期が繰り返すというパターンがなくなったわけではない。いつかまた氷河が進出してくるだろう。今から100万年後、人間が作ったものはもうほとんど残っていないだろう。

人類の遺物で最も長持ちするのは、私たちが地球表面のいたるところに置き去りにしたプラスチックの層だろう。私たちは、石油を掘り出し、処理して、耐久性の高い高分子化合物にし、それを地表にくまなくばらまくことで、ほかのどんな人間活動よりも長く留まる痕跡を残しているのだ。

人間が作り出したプラスチックは、そのうちずたずたになり、埋もれてしまうだろうし、一部の微生物がプラスチックを消化できるようになるかもしれない。しかし、今から100万年後、シャンプーのボトルやレジ袋がずたずたになって変形した無数の破片が、炭化水素加工物の層となって、不自然な場所に見つかったら、それが化学を行なっていたある文明が存在していた痕跡となることはほぼ間違いないだろう。

遠い未来

　太陽は少しずつ明るさを増している。30億年にわたって太陽の温度が徐々に上がる一方で、地球の温度はほとんど変わっていない。これは、いくつものフィードバック・ループが複雑に絡み合って1つのシステムとして働き、地球の温度を比較的安定に保ってくれているからだ。

　10億年後には、これらのフィードバック・ループはもうだめになっているだろう。生き物に栄養を与え、温度を冷やしてくれていた海は、生き物にとって最悪の敵に変貌しているだろう。灼熱の日光に照らされて海水はすべて蒸発し、分厚い水蒸気となって地球をくるみ、激しい温室効果が起こるだろう。10億年のうちに、地球は第2の金星になっているだろう。

　地球が高温になっていくと、人間が使える水はまったくなくなり、地殻そのものが沸騰しはじめ、蒸発した岩石の成分が大気の主成分となるだろう。やがて、さらに数十億年経つと、私たちは膨張する太陽に呑み込まれてしまうだろう。

　地球は焼き尽くされ、タイムズ・スクエアを作っていた分子の多くは、太陽が死ぬときの爆発で吹き飛ばされるだろう。この爆発で生じた塵雲は宇宙のなかを漂い、いつかは崩壊して新しい恒星と惑星になるのかもしれない。

　人類が太陽系から脱出し、太陽よりも長生きしたなら、やがて私たちの子孫がこれらの新しい惑星のひとつで暮らすかもしれない。タイムズ・スクエアにあった原子たちは、太陽の中心部で循環し、いつかは私たちの新しい体の一部になるだろう。

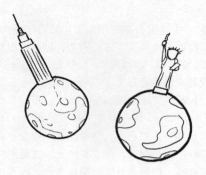

　遠い未来のある日、私たちは死に絶えているかもしれないし、全員ニューヨーカーになっているかもしれない。

魂の伴侶

質問. 誰もがたったひとりの魂の伴侶(ソウルメイト)を持っているのだけれど、その人物はもっぱら偶然によって決まり、しかも世界のどこにいるかもわからない——これが現実のことだったらどうなりますか？

——ベンジャミン・スタフィン

答.

それは悪夢のような世界になるだろう。

ソウルメイトがたったひとりで、しかもその相手は偶然によって決まるとしたら、いろいろとたいへんなことになる。オーストラリアで活躍中のコメディアンにして歌手のティム・ミンチンは、「もしも僕に君がいなかったら（If I Didn't Have You）」という歌で、こう言っている。

> 君の愛は100万にひとつのもの。
> お金で買えるものじゃない。
> でも、統計的にはほかの99万9999の愛のなかに、
> 同じぐらいいいのがあるかもしれない。

しかし、もしも私たち一人ひとりに、完璧なソウルメイトがランダムに、たったひとり割り当てられていて、それ以外の人とは決して幸せになれないとしたらどうなるだろう？　ソウルメイトどうし、はたして出会うことはできるのだろうか？

ソウルメイトとの絆は、生まれた瞬間に結ばれるとしよ

う。その相手が誰でどこにいるか、あなたは何も知らない。だが、目と目が合った瞬間、お互いがわかるのだとする――安っぽい恋愛小説みたいで申し訳ないですが。

はなから、問題がいくつか持ち上がる。まず気になるのが、あなたのソウルメイトは今生きているのかどうかだ。これまでに生まれた人間は1000億人くらいだが、現在生きているのはたったの70億人だ（したがって、人間の死亡率は93パーセントとなる）。私たちがまったく偶然だけでカップルになっているとすると、私たちのソウルメイトの90パーセントはとっくの昔に亡くなっていることになってしまう。

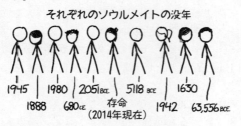

それぞれのソウルメイトの没年

これは最悪な話だ。いや、実は最悪どころか、実際の状況はもっとひどい。少し考えればわかることだが、ソウルメイトは過去に存在していた人間とは限らない。これから生まれる、人数とてわからない大勢の人間も候補のうちだ。遠い過去にソウルメイトがいるのなら、遠い未来にいたっておかしくない。だって、あなたのソウルメイトのソウルメイトが現在にいるなら、あちらからすれば、そういうことになるでしょう？

そんなわけなので、あなたのソウルメイトは、あなたと

同時代の人と仮定しよう。さらに、話が妙なことにならないように、年齢もあなたと2、3歳しか違わないと仮定しよう（これは、以前私が公表した、「デートしても気味悪がられない年齢差の公式」、すなわち「"(自分の年齢／2)＋7"より若い相手とデートしてはいけない」より制限が厳しくなっている。しかし、ある30歳の人と、ある40歳の人がソウルメイトだったとすると、この二人がたまたま15年前に出会ってしまったとすると、私の年齢差公式に反してしまう）。「ほぼ同年齢」の制限をかけても、ほとんどの人にとって、ソウルメイトでありうる相手は約5億人いることになる。

しかし、性別や性的指向についてはどうだろう？　それに、文化や言語の問題もある。人口統計学のデータをさらに使って、状況を詳しく詰めていくこともできるが、それを追究すると、「偶然だけで決まっているソウルメイト」というテーマからそれてしまう。私たちが考えるシナリオには、「自分のソウルメイトの目を見つめるまで、その相手のことは何も知らない」、そして、「全員が、『自分のソウルメイトだけを愛する』という指向性を持つ」という2つの条件しかないことにしよう。

すると、あなたのソウルメイトに巡り合う確率は途方もなく小さくなってしまう。私たちが初めて会い、目と目を合わせる人の人数は、1日当たり、ほとんどゼロ（外出できない人や、小さな町に住む人の場合）から数千人（タイムズ・スクエアの警官の場合）まで、大きくばらつくだろ

（1）　xkcd, "Dating pools," http://xkcd.com/314 を参照。

う。しかしここでは、あなたは1日に平均2、30人の人と初めて会い、目と目を合わせると仮定しよう（かなり内向的な私にすれば、これはずいぶん多めの仮定だ）。その2、30人のうち10パーセントがあなたとほぼ同年齢とすると、一生に出会う「ソウルメイトでありうる相手」は、約5万人となる。あなたには、「ソウルメイトでありうる相手」が5億人いることからすると、本物のソウルメイトを見つける可能生は一生かけて1万分の1となる。

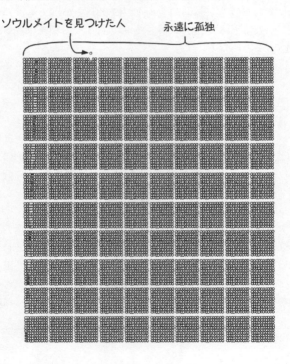

孤独なまま死んでしまう恐れがこれほど明白なら、目と目を合わせる機会をできる限り増やすための構造改革に社会が取り組んでもいいはずだ。次のイラストのように、長々としたベルトコンベアを2本並べて、列になった人々を対面させてはすれ違わせるとか……。

……しかし、目と目を合わすのはウェブカメラを通してでもいいとしたら、〈チャットルーレット〉(無作為に抽出されたユーザーどうしがビデオチャットを行なうウェブサービス)に少し手を加えて使うことができる。

すべての人がこの改変版チャットルーレットを1日8時間、週7日使うとし、さらに、誰かがソウルメイトかどうか判断するには2、3秒しかかからないとすると、理論的には、このシステムを使えば、すべての人をソウルメイトと出会わせるには2、30年しかかからないことになる(人々がカップルを作って、独身者集団から離脱するのにどれだけ時間がかかるかを見積もるにあたり、私は2、3の単純なシステムをモデルとして使った。何か具体的な設定のもとで、数学的にきちんと見積もりたい方は、まずディレンジメント問題〔数学の順列の問題で、どの要素も元の位置には来ないような配列を考える〕からやってみるといいだろ

う)。

　恋愛のために少しの時間を割くのも難しいという人の多い現実世界では、ソウルメイトを探すのに20年もかけられる人などめったにいない。だから、〈ソウルメイトルーレット〉の画面をのんびり眺めていられるのはお金持ちのお坊ちゃん・お嬢ちゃんだけかもしれない。アメリカの最富裕層は全国民の1パーセントだというが、気の毒なことに、そうした人のソウルメイトは残りの99パーセントのなかにいる可能性が高い。最富裕層の1パーセントだけが〈ソウルメイトルーレット〉を使うとすると、このシステムで相手を見つけられるのは、そのまた1パーセントだけ。したがって、最富裕層でもソウルメイトを見つけられる人は1万人にひとりだけとなる。

　最富裕層かつ〈ソウルメイトルーレット〉を使う1パーセントのうち、ソウルメイトに出会えない99パーセント(2)の人が、このシステムを使う人をもっと増やそうと躍起になるかもしれない。世界中の恵まれない人々にコンピュータを配布する慈善事業のスポンサーになるかもしれない。

───────────────────
(2) つまり、全米の0.99パーセント!

チャリティNPO〈すべての子どもにラップトップを〉と出会い系サイト〈オーケーキューピッド〉の合いの子みたいな事業だ。「レジ係」や「タイムズ・スクエアの警官」などは、他人と目を合わせる可能性の高さから、あこがれの職業となるかもしれない。人々は出会いを求めて都会や人が集まる公共の場に群がるようになるだろう——これは今と同じだ。

しかし、大勢の人間が〈ソウルメイトルーレット〉に何年も費やし、また別の大勢の人間が他人と目を合わせる機会が多い職業に就き、そして残りの人間がただ幸運を祈ったとして、真実の愛を見つけられるのはごくわずかの人だけだろう。それ以外の人間には、幸運は訪れないだろう。

ストレスとプレッシャーのあまり、ソウルメイトが見つかったふりをする人も出てくるだろう。「勝ち組」の一員になりたい人が、ソウルメイトに巡り合っていないほかの人を見つけて、偽の「運命の出会い」を演じるわけだ。2人は結婚し、夫婦関係のトラブルを隠し、友だちや親戚に幸せな顔を見せようと四苦八苦する。

ソウルメイトがただ偶然だけで決まっている世界は、寂しい世界だろう。私たちが暮らしているこの世界が実はそうだ……ってことではありませんように。

---- **レーザー・ポインター** ----

質問. 地球にいる人間全員が一斉にレーザー・ポインターを月に向けたら、月の色は変わるでしょうか？
　　　　　　　　　　　　　――ピーター・リポウィッツ

答.

　普通のレーザー・ポインターではむずかしい。

　まず考えないといけないのは、地球の全員が同時に月を見るのは不可能だということだ。全員を1ヵ所に集めてもいいのだが、ここでは、できる限り多くの人に月が同時に見える時間を選ぶことにしよう。世界の人口の約75パーセントが東経0度と東経120度のあいだに住んでいるので、この実験をやってみるのは、月が上の範囲のだいたいまん中になる、アラビア海のどこかの上にあるときでないといけない。

　新月、満月どちらかがいいだろう。新月は暗いので、われわれが当てたレーザーが見やすいはずだ。だが、じつは新月のほうが標的としては厄介だ。新月が見えるのは主に昼間なので、レーザーの効果は日光にかき消されてしまうだろうから。

　そこで、月の暗い側と明るい側でのレーザーの効果が比較できるように、半月を標的にしよう。

これがわれわれの標的だ。

ごく一般的な赤色のレーザー・ポインターは出力が5ミリワット程度で（アメリカでは、出力5ミリワット以上のものはレーザー・ポインターという名称で販売することを規制されている。日本では現在、出力1ミリワット以上のレーザー・ポインターの製造販売および輸入販売は禁じられている）、いい製品はビームの広がりが十分抑えられており、月まで光が届く。それでも月に達したときには、光は月面に大きく広がってしまう。地球の大気で、ビームは少し歪み、また若干吸収もされるが、光の大部分は月に達する。

全員がポインターを十分安定に持つことができ、月をうまく狙えるが、それ以上の腕はないとし、光は月面で均等に広がるとしよう。

グリニッジ標準時で午前零時の30分後に、全員が月を狙い、ボタンを押す。

すると、こんなことになる。

装備：	標的：	効果：

これは期待はずれだ。

だが、理屈には合っている。太陽光は、1平方メートルあたり1キロワットを少し越えるエネルギーで月面を照らしている。月を真っ二つに割った断面積は約 10^{13} 平方メートルなので、月は約 10^{16} ワット（10ペタワット）の日光で照らされていることになる。この日光のエネルギー、地球で月を狙っている人ひとり当たりに換算すると2メガワットとなり、手にした5ミリワットのレーザー・ポインターではまったく歯が立たない。地球から月を狙うわれわれの人海戦術システムには、効率を改善できそうな部分が多々あるが、そんな改善をしたって、もとの理屈は変わらない。

もっとパワーを上げてみたらどうなんだい？

1ワットのレーザーとなると、これはもうとてつもなく

危険な代物だ。人間の目に当たると失明してしまうのみならず、皮膚に火傷を負わせ、物を発火させることもあるほど強力である。アメリカで一般消費者の購入が違法とされているのもうなずける。

というのは冗談! あなたも1台300ドルで購入できる。「1ワット手持型レーザー装置」で検索してみればヒットするはずだ。

というわけでわれわれも、2兆ドルを投じて1ワット緑色レーザーを全員に1台ずつ購入したとしよう（大統領候補者のみなさんへ：これを政策に掲げてくだされば、私からの1票がもれなくついて来ます）。この緑のポインターは、より強力なだけではなく、緑という色が可視光スペクトルの真ん中近くにあるおかげで、目の感受性が高く、より明るく見えるという利点がある。

このレーザーを使うと、こうなる。

装備:

1W緑色レーザー

標的:

効果:

いやはや。

われわれが使っているレーザーが出す光は、角度5分の広がりを持つビームで約150ルーメン（一般的な懐中電灯より明るい）の明るさだ。これで月面を照らしたときの明

るさは約0.5ルクスとなる。一方月面の太陽の光は約13万ルクスだ（われわれ全員がレーザーをきっちり月面に向けて発射したとしても、月面の約10パーセントを6ルクスで照らすことしかできない）（ルーメンは光源が放つ光の明るさを示す「光束」の単位。ルクスは光で照らされている面の明るさを示す「照度」の単位）。

比較のためにご紹介すると、満月は地球の表面を約1ルクスで照らす。だとすると、われわれのレーザーを全部そろえて発射しても、弱すぎて地球からは見えないばかりか、もしもあなたが月面に立っていたら、地球からのレーザーが月の景色を照らす光は、月光が地球の景色を照らす光よりも弱いことになる。

もっとパワーを上げてみたらどうなんだい？

この10年でリチウム電池とLED技術が進歩したおかげで、高性能懐中電灯の市場が爆発的に拡大した。だが、たとえ高性能LEDライトでも今のわれわれの目的には適わないことは明らかなので、この話は全部飛ばして、全員に光源としてナイトサンを配ることにしよう。

ナイトサンという名前はご存知ないかもしれないが、きっとみなさんもこれが使われているのをご覧になったことがあるはずだ。警察や沿岸警備隊のヘリコプターに搭載されているサーチライトだ。約5万ルーメンの出力があり、地面を夜から昼に変えるほど明るく照らすことができる。

ビームには数度の広がりがあるので、月を照らすに必要な0.5度まで絞るために、収束レンズを使うのがいいだろう。

装備： 標的： 効果：

ナイトサン
（レンズ併用）

見づらいが、今回は前進アリだ！ ビームは、明るさ20ルクスで月面を照らしており、夜側の半分をうっすら照らしている地球照(しょう)（地球から反射された太陽光による照明）より2倍も明るい！ しかし、見分けるのは難しいし、それに月の明るい側には効果がまったく現れていない。

もっとパワーを上げてみたらどうなんだい？

では、みんなにナイトサンのかわりに、IMAX(アイマックス)プロジェクタ・アレイ（水冷30キロワットランプ対を並べたもので、合計で100万ルーメンを超える出力）を1台ずつ持たせよう。

装備：	標的：	効果：
IMAX プロジェクタ		

これでもまだ、かろうじて見える、と言ったところだ。

ラスベガスのルクソール・ホテルのピラミッドの頂上には、地球上で最も強力なライトが設置されている。全員にこれを1個ずつ配ることにしよう。

あ、それから、レンズ・アレイも全員に配って、ビーム全体が月面に集中して当たるようにしよう。

装備：	標的：	効果：
 ルクソールのライト（レンズ併用）		

われわれの照明がはっきりとわかる。任務完了！　みんな、よくやった。

もっとパワーを上げてみたらどうなんだい！？

そうだな……

国防総省は先ごろ、接近するミサイルを飛行中に破壊できるよう設計された、メガワット・レーザーを開発した。

ボーイング YAL-1 は、ボーイング 747 型貨物機に酸素＝ヨウ素化学レーザーを搭載したミサイル迎撃試験用の軍用機だった。これは赤外レーザーで、直接目で見ることはできない。だがここでは、同じぐらい強力な可視光レーザーを作ったと想像してみよう。

装備：

標的：

効果：

ついに太陽光の明るさに肩を並べた！

しかし、われわれが使っている電力は 5 ペタワットにものぼる。これは世界の平均電力消費量の 2 倍に当たる。

もっとパワーを上げてみたらどうなんだい？

よし。アジアの表面全体にわたって、1 平方メートルに 1 台ずつメガワット・レーザーを設置しよう。50 兆個のレーザーのアレイができるわけだが、これに電力供給する

には、世界の石油備蓄を約2分で使い切らねばならない。しかしこの2分のあいだ、月は次の図のように見えるはずだ。

装備：　　　　　標的：　　　　　効果：

月は午前中半ばごろの太陽と同じくらいの明るさで輝き、この2分が終わるまでには、月の表土は白熱して輝きはじめるだろう。

もっとパワーを上げてみたらどうなんだい？

よろしい。ではさらに荒唐無稽のきわみ、というのを考えてみよう。

地球上に存在する最も強力なレーザーは、カリフォルニア州にあるローレンスリヴァモア研究所の、国立点火施設（NIF）という核融合研究施設の慣性閉じ込め核融合方式ビームだ。これは、出力500テラワットの紫外線レーザーである。しかし、数ナノ秒しかもたない孤立したパルス状のレーザーが発射されるだけなので、放出される総エネル

ギーはカップ4分の1のガソリンに見合うほどでしかない。

このレーザーに連続的に電力供給し、連続的に発光させる手段が発見されたとし、それを全員に1台ずつ配り、一斉に月に向けたと想像してみよう。残念ながら、こうして発射されたレーザーのエネルギー流は大気をプラズマ化し、地球の表面を瞬時に発火させるので、人類滅亡と相成る。そこで、発射したレーザーは、どういうわけか大気とはなんら相互作用することなく通り抜けると仮定しよう。

だが、この仮定のもとでも、やはり地球は火の海になってしまう。月からの反射光が真昼の太陽の4000倍の明るさになるのだ。地球のすべての海を沸騰させ1年以内に蒸発させてしまうほど、月光が明るくなるのである。

しかし、この際地球のことはどうでもいい。月がいったいどうなるかだ。

レーザーそのものが放射圧力を月に及ぼすため、月は重力加速度 G の一千万分の1ほど加速される。この加速は、短期的には気づかないだろうが、年月が経つにつれて影響が積算されると、月は地球周回軌道から外れてしまうだろう……

……加えられる力が放射圧力だけだったとしたら。

40メガジュールのエネルギーがあれば、1キログラムの岩を蒸発させるに十分だ。月の岩の平均密度は約 3 kg/ℓ だと仮定しよう。すると次の計算から、われわれ全員のレーザーを合わせると、1秒間に月の岩盤を4メートルの深さぶん蒸発させるほどのエネルギーが出ることがわかる。

$$\frac{50億人 \times 500\frac{テラワット}{人}}{\pi \times 月の半径^2} \times 20\frac{メガジュール}{キログラム} \times 3\frac{キログラム}{\ell} \simeq 4\frac{メートル}{秒}$$

ところが、実際の月の岩は、それほど速く蒸発しない。その理由をこれからお話しするが、それが実に重要なのだ。

岩の塊が蒸発するとき、岩はただ単純に消えてしまうわけではない。月の表層はプラズマになるが、このプラズマはビームの侵入を阻止してしまう。

この状況でわれわれのレーザーがプラズマにエネルギーをどんどん注ぎつづければ、プラズマの温度は上昇の一途をたどる。プラズマ内の粒子は互いにぶつかりあって跳ね返り、月面に衝突し、最終的には猛スピードで宇宙へと飛んでいってしまうだろう。

このような物質の流れが生じると、月の表面全体が事実上ロケットエンジンとなる。それも、驚異的に効率のよいエンジンに。このように、レーザーを使って物質の表面を急激に蒸発させる手法をレーザー・アブレーションというが、これが実際、宇宙船推進の手段として有望なのだ。

月はロケットに比べれば巨大だが、この岩盤プラズマ・ジェットはゆっくりと、しかし確実に、月を地球から遠ざけるだろう(地球の表面も抉り取ってきれいにしてしまい、レーザーも破壊してしまうはずだが、ここではわれわれのレーザーは何があってもびくともしないと仮定する)。プラズマは月の表面を物理的に削り取りもするが、これは複雑な相互作用で、モデル化するのは難しい。

しかし、当てずっぽうで、月岩石プラズマ内の粒子は平

均で秒速500キロメートルの速さで飛び去ると仮定すると、2、3カ月のうちに月はわれわれのレーザーが届かないところまで押しやられてしまうことになる。月は質量の大部分を維持するが、地球の重力をのがれ、歪んだ軌道を描きながら太陽を周回するようになるだろう。

国際天文学連合の定義からすると、それでも月は新しい惑星とは呼ばれない。月が新たに進む軌道は地球の軌道と交差するので、冥王星と同様、準惑星とされるはずだ。軌道が、地球軌道と交差しているがゆえに、この月はやがて予測不可能な軌道摂動(せつどう)を起こすだろう。最終的には、重力スリングショットで飛ばされて太陽に衝突するか、太陽系外に飛ばされるか、あるいは、いずれかの惑星に(地球である可能性が高い)ぶつかることになる。もし3つめに挙げた結果になったとしても、それは自業自得だというのが、われわれの総意になるはずだ。

スコアカードはこのとおり。

このくらいポイントをあげれば、もう十分ではないでしょうか。

元素周期表を現物で作る

質問. 各元素を集めてキューブ状にして、それを並べて周期表を作ったらどうなりますか？

——アンディ・コノリー

答.

世の中には元素コレクターという人がいる。この人たちは、元素の現物のサンプルをできる限りたくさん集めて、周期表の形をした展示ケースに入れようとがんばっている。[1]

118ある元素のうち30が、近所の小売店で純物質として購入できる。ヘリウム、炭素、アルミニウム、鉄、アンモニアなどだ（アンモニアは窒素と水素の化合物。著者のジョークと思われる）。物を分解すると、その中から集められる元素がこのほか2、30ある（煙感知器のなかからは微量のアメリシウムが入手できる）。それ以外の元素は、インターネットで注文が可能だ。

周期表全体のうち、約80の元素はサンプルが入手できる。自分の健康、安全、そして逮捕歴を危険に晒すことをいとわないなら、約90元素が収集可能だ。残りの元素は、あまりに放射能が強すぎるか、寿命が短すぎるかで、一度に原子2、3個も集められない。

しかし、もしもそれらも集めたとしたらどうなるだろう？

---

(1) 個々の元素は、放射性を帯びたり、危険だったり、すぐに死んでしまったりするポケモンのようなものだと考えてほしい。

元素周期表を現物で作る 65

元素周期表には、7つの段(ヨコの列)がある。⁽²⁾

H																	He
Li	Be											B	C	N	O	F	Ne
Na	Mg											Al	Si	P	S	Cl	Ar
K	Ca	Sc	Ti	V	Cr	Mn	Fe	Co	Ni	Cu	Zn	Ga	Ge	As	Se	Br	Kr
Rb	Sr	Y	Zr	Nb	Mo	Tc	Ru	Rh	Pd	Ag	Cd	In	Sn	Sb	Te	I	Xe
Cs	Ba		Hf	Ta	W	Re	Os	Ir	Pt	Au	Hg	Tl	Pb	Bi	Po	At	Rn
Fr	Ra		Rf	Db	Sg	Bh	Hs	Mt	Ds	Rg	Cn	(113)	Fl	(115)	Lv	(117)	(118)

	La	Ce	Pr	Nd	Pm	Sm	Eu	Gd	Tb	Dy	Ho	Er	Tm	Yb	Lu
	Ac	Th	Pa	U	Np	Pu	Am	Cm	Bk	Cf	Es	Fm	Md	No	Lr

- 一番上の2段は特に問題なく元素を並べられる。
- 3段めは、発火して火傷する危険がある。
- 4段めは、毒ガスが発生して死亡する危険がある。
- 5段めは、火傷と毒ガスによる死に加え、弱い放射線被曝の危険がある。
- 6段めは、激しい爆発を起こし、建物が破壊され、放射性を帯びた有毒な火炎と粉塵の雲と化す恐れがある。
- 7段めは作ってはならない。

---

(2) みなさんがこれを読んでおられるころには、8段めが加わっているかもしれない。そして、もしも2038年にこれを誰かが読んでいたとすると、そのころには周期表は10段構成になっているが、それについて話したり議論したりすることは、世界を支配しているロボット君主によって禁じられているかもしれない。

では、二からはじめよう。1段めは、退屈かもしれないが簡単だ。

水素（H）のキューブは宙に浮かんで昇っていき、散らばってしまうだろう。膨らませた風船から突然外側のゴムを取り去ると、中の気体がそうなるように。ヘリウム（He）のキューブも同じように振舞う。

2段めはもう少し厄介だ。

リチウム（Li）・キューブの表面はあっという間に光沢を失うだろう。ベリリウム（Be）は毒性が高いので、取り扱いに注意し、小さな屑になって空気中に舞い上がったりしないようにすること。

酸素（O）と窒素（N）はあたりを漂って、徐々に散らばっていくだろう。ネオン（Ne）は上昇して散らばるだろう。[3]

（3）これは、酸素と窒素がそれぞれ2原子分子（つまり、O_2 と N_2）になっている場合の話だ。単原子がキューブ状に集められているなら、酸素と窒素は瞬時に結合して、数千度の高温に達する。

フッ素（F）はくすんだ黄色い気体で、床に広がるだろう。フッ素は周期表のなかで、反応性と腐食性が最も高い元素だ。純粋なフッ素に曝されると、ほとんどすべての物質が自然に発火する。

フッ素に関する上の記述について、私は有機化学者のデレク・ロウに問い合わせてみた。彼によれば、フッ素はネオンとは反応せず、「塩素とは『武装停戦』のような状態になるだろうが、ほかのすべてのものとは、いやはや、だよ」。フッ素はどんどん広がりながら、もっと下の段の元素とも問題を起こすし、湿気と接触したら、腐食性の高いフッ化水素酸となる。

微量でも吸い込んだなら、鼻、肺、口、目、そしてやがて全身が損傷を受ける。ガスマスクが絶対に必要だ。フッ素は、マスク素材の多くも腐食してしまうので、まずテストしてから使うようお勧めする。どうぞお楽しみください。

では3段めへ！

これまで記載したデータの半分は、『CRC化学物理ハンドブック』から、残りの半分はイギリスでテレビ放映された、教育番組をパロったコメディ、《ルック・アラウンド・ユー（周りを見てごらん）》からの引用である。

（4） ロウは、医薬品研究に関する素晴らしいブログ、〈In the Pipeline〉の著者だ。

3段めの厄介なトラブルメーカーは、リン（P）だ。純粋なリンは、いくつか異なる形で存在している（ひとつの元素でできた純物質で、原子の配列や結合の異なるものが同素体。リンには数種類の同素体が存在する）。赤リンはそこそこ安全で、取り扱いも厄介ではない。しかし白リンは、空気に接触すると自然発火する。高温で消火しにくい炎を上げて燃焼する。おまけにかなりの猛毒である。[5]

硫黄（S）は、普通の状況なら問題はない。せいぜい悪臭がするぐらいだ。しかし、ここでは周期表の順に並べているわけなので、硫黄の左隣には燃えているリンが、右隣にはフッ素と塩素がある。純粋な気体のフッ素に曝されると、硫黄は（多くの物質がそうであるように）発火する。

不活性ガスのアルゴン（Ar）は、空気より重く、そのまま広がって床を覆うだろう。だが今はアルゴンのことを気にしている場合じゃない。もっと大変な問題が起こっているからだ。

フッ素と硫黄が高温で反応すると六フッ化硫黄などの恐ろしい名前の化合物が何種類もできる可能性がある。室内で発生すると、有毒ガスで窒息するかもしれないし、建物が焼失する恐れもある。

これでやっと3段めが終わった。さあ、4段めに行こう！

（5） この性質のおかげで、リンは焼夷弾に使用されるようになり、物議をかもした。

元素周期表を現物で作る 69

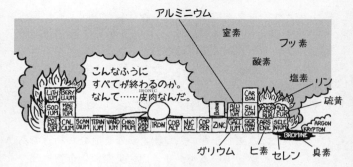

「ヒ素」（As）というのはいかにも恐ろしい響きだ。恐ろしく響くのも当然だ。この元素は複雑な生物すべてにとって有毒なのだから。

われわれが危険な化学物質を、現実の危険性を過大評価して、必要以上に怖がるのは珍しくない。すべての食品や飲料水には天然のヒ素がごく微量に含まれているが、われわれは問題なく生きている。しかし、ここで扱っているのは、そういう日常的な状況ではない。

燃焼しているリン（今では、同時にカリウム〔K〕も燃焼している。カリウムも自然発火しやすいのだ）は、ヒ素を発火させ、三酸化二ヒ素（亜ヒ酸）を大量に作り出す。これは極めて毒性が高い。決して吸い込まないように。

周期表の4段めは、強烈な悪臭も放つ。セレン（Se）と臭素（Br）は激しく反応するが、デレク・ロウによれば、燃焼するセレンに比べれば「硫黄もシャネルの香水に思える」ほどだそうだ。

仮に3段めのアルミニウム（Al）が、今この周期表であがっている炎のなかでもなんとか形を保っていられたとし

ても、アルミニウムにはさらに奇妙なことが起こる。アルミニウムのキューブが上にのっているガリウム（Ga）が融け、アルミニウムに染み込むのだ。おかげでアルミニウムの格子構造が壊されてもろくなり、濡れた紙のようにぐにゃぐにゃになる[(6)]。

燃え盛る硫黄（S）は溶けて臭素に流れ込むだろう。臭素は室温で液体だ。ちなみに純元素として室温で液体なのは、ほかには水銀しかない。臭素もかなり厄介な物質である。こうして燃えている炎が吐き出す臭素の化合物には、膨大な種類のものがあり、気が遠くなるほどだ。しかし、十分離れた安全な距離からこの実験を行なう限り、あなたが生き残る可能性はゼロではないだろう。

5段めには面白い元素がある。われわれが初めて出くわす放射性元素、テクネチウム（Tc）だ。

テクネチウムは、安定な同位体を持たない最も軽い元素だ。体積1リットルのキューブのテクネチウムは、今われわれがやっているような実験では、命を奪うようなことはない。とはいえ、結構な量ではある。この塊を1日中帽子として被ったり、あるいは、細かい塵になったものを吸い込んだりすると、死に至ることは間違いない。

帽子ではありません

---

(6) ユーチューブで『ガリウムの侵食（gallium infiltration）』を検索すると、この現象がいかに奇妙か実感できる。

元素周期表を現物で作る　71

テクネチウムのほかは、5段めは4段めと似たり寄ったりだ。

次は6段めだ！　どんなに気をつけても、6段めではあなたは絶対に死んでしまうだろう。

これ以降の周期表は、通常のものよりも横長になっている。これは、ランタノイドとアクチノイドをそれぞれ6段めと7段めに入れたためである（表が横長になりすぎないように、通常これらの元素は周期表本体とは別途表示される）。

6段めには放射性元素がいくつか存在している。プロメチウム（Pm）、ポロニウム(7)（Po）、アスタチン（At）、ラド

（7）2006年、傘の先端に仕込まれたポロニウム210によって、元KGB職員アレクサンドル・リトビネンコが暗殺された。

ン（Rd）などだ。アスタチンは凶悪だ。[(8)]

アスタチンがどんな見た目をしているのかはわかっていない。というのも、ロウが「あいつはとにかく存在していたくないんだよ」と言うほど、すぐに崩壊して別の元素になってしまうからだ。放射性が極めて高く（半減期も、通常の「年」ではなく「時間」で表される）、そこそこの大きさの塊はすべて、自らの熱のためにごく短時間で蒸発してしまう。化学者たちは、表面は黒いと推測しているが、ほんとうのところは誰にもわかっていない。

アスタチンに関しては、安全データシート（化学物質の性質や扱い方をまとめた、世界標準的な文書）は一切存在しない。あったとしても、そこには焼け焦げた血で「ノー」という文字が繰り返し書きなぐられているだけだろう。

私たちが調達するアスタチンのキューブには、これまでに作られた総量を超えるアスタチンが、ほんの束の間含まれているだろう。「束の間」と言ったのは、このキューブは即座に超高温の気体となって上へ上へと立ち昇っていくだろうからだ。その熱だけで、付近にいる人はみな第3度の火傷（皮下組織に損傷を及ぼす重度の火傷）を負い、建物は崩壊するだろう。高温の気体は、熱と放射線を放出しながら、雲のように空をぐんぐん昇っていくだろう。

このときの爆発の大きさは、あなたの研究所に最大限の分量の始末書の類を作らせる、絶妙の規模のものだろう。それより爆発が小さければ、揉み消すこともできるかもしれないし、それより爆発が大きければ、作成した書類を提

---

(8) ラドンは（アスタチンにくらべれば）かわいいやつだ。

出する相手が街のなかにひとりも生き残っていない、というような。

アスタチン、ポロニウム、その他の放射性生成物に覆われた塵灰と破片が雨となって雲から降り、風下の近隣地帯はまったく人が住めなくなる。

放射線レベルは途方もなく高くなるだろう。まばたきするには数百ミリ秒かかることからすると、あなたは文字通りまばたきするあいだに致死量の放射線を浴びるだろう。

あなたは、「超急性放射線中毒」とでも呼ぶべき症状で死ぬだろう。要するに、あなたは「料理されてしまう」のだ。

7段めはなお一層ひどいはずだ。

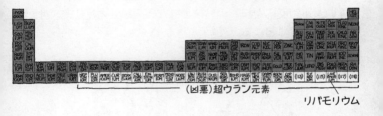

その7段め、すなわち周期表のいちばん下には、**超ウラン元素**と呼ばれる妙な元素がたくさん並んでいる。その多くは、長いあいだ「ウンウンウニウム」などのような、「系統名」と呼ばれる仮の名称で呼ばれていた。しかし、正式名称が順次つけられつつある。

ここで早合点は禁物だ。超ウラン元素の多くは極めて不安定で、粒子加速器のなかでしか生み出されないし、数分

以内に崩壊してしまう。たとえば、リバモリウム（Lv）（原子番号116）の原子が10万個あったとしよう。1秒後には1個だけになってしまう。そして数百ミリ秒後、その1個もなくなってしまうだろう。

周期表を現物で作ろうというこの取り組みにとってはあいにくながら、超ウラン元素はひっそり人知れず消えるのではない。放射性崩壊を起こすのだ。しかも、崩壊してできた元素もまた崩壊する場合が多い。原子番号が最も大きな元素はどれも、キューブ状の塊として準備したとしても、数秒のうちに崩壊し、その過程で膨大な量のエネルギーを放出する。

その結果起こることは、核爆発のようなものどころか、紛れもなく核爆発そのものだ。しかし、核分裂型爆弾とは違い、連鎖反応を起こすわけではない。単独の反応だ。すべては一度に起こる。

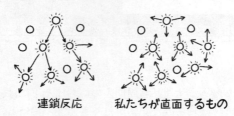

連鎖反応　　　私たちが直面するもの

この爆発が発するエネルギーの奔流により、あなたは――そして周期表のほかの部分も――瞬時にしてプラズマと化すだろう。爆発の規模は中型核爆発と同程度だろうが、そのあと降ってくる放射性降下物ははるかに恐ろしい。周期表に載っているすべてのものがまさにサラダのように混

ぜ合わされて、ほかのあらゆるものに、可能な限りの速さで変化しながら降ってくるのだから。

街の上空にきのこ雲が立ちあがるだろう。煙は自らの熱でどんどん上昇し、その頂上は成層圏を突き抜ける高さにまで至るだろう。もしもあなたの研究所が人口密集地域にあったなら、爆発による直接の犠牲者は驚異的な数になるだろうが、放射性降下物による長期的な汚染はそれ以上にひどいものになるだろう。

この降下物は、日々われわれに降り注いでいる通常の放射性降下物とはまったく違う。核爆弾が爆発しつづけているかのような状況になるのだ。核の塵は世界中に広がり、チェルノブイリ原子力発電所の事故の数千倍の放射線が放出されるだろう。付近一帯が壊滅的な被害を受けるだろう。除染には数世紀を要するだろう。

ものを集めるのは確かに楽しいが、化学元素については、コンプリートしようなどと考えないほうがよさそうだ。

「世界をちょっとだけ壊してみようかな……」

（9） 私たちが平素無視している、あれだ。

全員でジャンプ

質問. 地球にいるすべての人間ができる限りくっつきあって立ってジャンプし、全員同時に地面に降りたら、どんなことが起こりますか？
——トマス・ベネット（ほか大勢のみなさん）

答.

これは、私のウェブサイトに大勢の読者から投稿される質問のなかでも、最も頻繁に来るもののひとつだ。〈ScienceBlogs〉や〈The Straight Dope〉など、よそのサイトでもすでに検討されている。それらのサイトでは、運動学的側面についてはかなり詳細に論じているが、見過ごされている点もある。

では、本題に入ろう。

この質問の出発点では、地球のすべての人間が、何らかの摩訶不思議な方法で1カ所に集められている。

この一団は、ロードアイランド州くらいの広さの場所を占める。だが、「ロードアイランド州くらいの広さの場所」などという曖昧な言葉を使う必要もないだろう。ここでは具体的な話として進めていこう。彼らは実際にロード

アイランドに集まったのだとしよう。

正午の時報と同時に全員がジャンプする。

　他サイトでも論じられているように、全員で同時にジャンプしても地球にはほとんど何の影響もない。地球は人間全員を合わせたよりも10兆倍も重い。人間はだいたい、調子のいい日なら、上に向かって垂直に50センチメートルほど跳べる。仮に地球が剛体（力が作用しても変形しない、仮想的な物体のこと）で瞬時に反応したとしても、原子1個分も押しやられはしないだろう。

　次の瞬間、全員が地面に戻ってくる。

理屈のうえでは、これによってかなりのエネルギーが地球に与えられることになるが、そのエネルギーはかなりの広さの面積に広がっているので、せいぜいあちこちの庭に足跡が付くぐらいのものだ。小さなパルス状の圧力が北米大陸部分の地殻全体にひろがっていき、ほとんど何の影響も及ぼさずに薄れて消えてしまう。みんなの足が着地したときには、大きな音が鳴り響き、それは何秒か続くだろう。

やがてあたりは静まる。

数秒が経過する。全員があたりを見回す。

気まずい雰囲気が漂い、みなちらちらと他の人の様子を窺う。誰かが咳払いをする。

誰かがポケットから携帯電話を取り出す。数秒のうちに、世界中の50億台の携帯電話が取り出される。そのすべてが——この地域の中継局の信号を受けられるものも含めて——「圏外」「NO SIGNAL」など、信号が届いていないことを示す表示になる。携帯電話のネットワークがすべて、前例のない負荷でダウンしてしまったのだ。ロードアイランド以外の場所では、放置された機械類が次々と停止しはじめる。

ロードアイランドのウォリックにあるT・F・グリーン空港は、1日当たり数千人の旅客を扱う。この空港が必要な段取りを整えて（燃料を探し回り調達するための人員を派遣することも含めて）、通常の500パーセントの処理能力で数年間稼動したとしても、集まった人間の一団が目に見えて縮小することはないだろう。

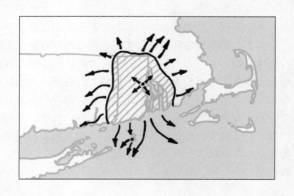

近隣の空港が数カ所協力しても、事態はほとんど変わらない。このあたりの路面電車にしてもそうだ。人々がプロ

ビデンスの深水港に停泊しているコンテナ船に乗り込んでも、長い船旅に備えて十分な食料と水を搭載するのは難しい。

ロードアイランドの50万台の自動車が略奪される。まもなく、州間高速道路I-95、I-195、I-295では地球史上最悪の交通渋滞が起こる。ほとんどの車は群集に囲まれてしまうが、幸運な数台はこれを抜け出し、もはや誰にも管理されていない道路網をさまよいはじめる。

ニューヨークやボストンを越えられる車もあるだろうが、やがてガス欠で止まってしまうだろう。この時点では電気は通じていないだろうから、ガソリンスタンドで稼動している給油機を探すよりも、乗っていた車を捨てて、別の車を盗んだほうが早くて確実だ。あなたを制止する人などいない。警官は全員ロードアイランドにいるのだから。

広がった群集の先頭部分は、マサチューセッツ州南部とコネチカット州に達する。このなかで誰と誰が出会おうとも、その2人が共通の言葉を話す可能性はほぼ皆無だし、この地域を知っている人もほとんどいない。局所的に社会階層のようなものができてはすぐ崩壊し、混沌とした状況になる。暴力がはびこる。誰もが食べ物と飲み物をほしがっている。食料品店はみな略奪され空っぽになる。新鮮な水はほとんど見つからない。そして、この状況を打開する有効なシステムはまったく存在しない。

数週間のうちに、ロードアイランドは数十億の人間の墓場となる。

生き残った人々は、世界中に散らばり、古い文明が完全な瓦礫と化したうえに、新たな文明を構築しようと苦しい

努力をする。人類はどうにかこうにか存続するが、人口は劇的に減少するだろう。地球の軌道は何の影響も受けぬまま、人間が種全体としてジャンプする前と少しも変わらず回転しつづける。

　しかし、少なくとも私たちは、人間全員が一度にジャンプしても地球の回転はまったく変わらないということを学んだ。

1モルのモグラ

質問. モグラ（mole）を1カ所に1モル（mole）集めるとすると、どうなりますか？

——ショーン・ライス

答.

ちょっと気色悪いことになる。

まず初めに言葉の定義をしよう。

モルとは単位だ。しかし、普通の単位とはちょっと違う。じつのところ、モルとは、「ダース」や「10億」と同じように、ある数なのだ。何かを1モル持っているというのは、それを602214129000000000000000（普通は 6.022×10^{23} と書く）個持っているということだ。モルがこんなに大きいのは、分子の数を数えるのに使うための単位だからだ。分子というのはものすごくたくさんあるのでね。[1]

分子、ありすぎだよ。

モグラは、地下に穴を掘って暮らすたぐいの動物だ。モグラにはいくつかの種類があり、なかにはとんでもなく恐

（1） 「1モル」は、1グラムの水素に含まれる原子の数にほぼ等しい。偶然ながら、地球上の砂粒の数を大雑把に見積もった数も同じくらいだ。

1 モルのモグラ 83

ろしいものもある。(2)

「ホシバナモグラ」
で検索。

うわぁぁぁぁー！

　では、1モルのモグラ、つまり、602214129000000000000000 匹のモグラはどんなふうに見えるだろうか？
　まずは、ごく大雑把に見積もってみよう。ここから、私が普段、計算機すらまだ手に取らないうちに、何かの量を感覚的に、「ああ、これくらいなんだ」と把握したいときに、頭の中でどんなことをやっているかの1例をご紹介する。それは、10と1と0.1はすべてほとんど同じで、等しいと見なす、大胆な計算だ。
　モグラは、私が手に取って投げられるほど小さな動物だ [要出典]。私が投げられるものはすべて、1ポンドの重さである。1ポンドは1キログラムである。602214129000000000000000 という数は、1兆（1000000000000）のほぼ2倍の長さと見なせる。つまり、1モルは1兆の1兆倍にほぼ等しい。ここでふと、1兆の1兆倍キログラムとは、惑星1個分の重さだと思い出す。

---

(2) http://en.wikipedia.org/wiki/File:Condylura.jpg

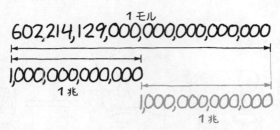

……文句を言いたい人がいるかもしれないので、みなさんがこういうふうに計算してもいいとは私は言わなかったことをお断りしておく。

以上のことから、今話題にしているモグラの集団は、惑星を単位に数えられるくらいのものなのだということがよくわかる。これは極めて大雑把な見積もりで、大きいほうにも小さいほうにも数千倍ほど外れている可能性がある。

もうちょっと正確な数字を使ってみよう。

トウブモグラ（$Scalopus\ aquaticus$）は、体重約 75 グラムだ。すると、1 モルのモグラの重さは、

$$(6.022 \times 10^{23}) \times 75\mathrm{g} \fallingdotseq 4.52 \times 10^{22} \mathrm{kg}$$

となる。

月の半分強の重さだ。

哺乳類は体の大部分が水である。1 キログラムの水の占める体積は 1 リットルなので、モグラの集団の重さが 4.52×10^{22} キログラムなら、それが占める体積は約 4.52×10^{22} リットルだろう。モグラとモグラのあいだにある隙間を無視していることにお気づきの方もおられるかもしれない。それで問題ないわけは、このあとすぐにわかる。

4.52×10²² リットルの立方根は 3562 キロメートルだ。ということは、この塊は、半径 2210 キロメートルの球か（$4/3\pi r^3 = 4.52\times 10^{23}\ell$ から半径 r を計算）、あるいは、1辺が 2213 マイルの立方体だということになる。[3]

これらのモグラが地球の表面に放たれたとすると、モグラたちは厚さ 80 キロメートルの層となって地表を覆う。80 キロメートルというと、地球大気がなくなって宇宙空間が始まる高さに迫る高さだ（ただし、モグラが放たれた時点で、モグラの層に追いやられた大気は、80 キロメートル上方にシフトしてしまうわけだが）。

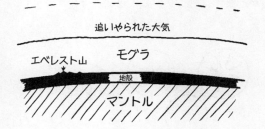

この高圧の肉の海に覆われて窒息状態となり、地球の生物のほとんどが絶滅するだろう。ソーシャルニュースサイト reddit にとってはじつに恐ろしいことで、そんなことに

（3） これは、私も初めて気づいた素晴らしい偶然の一致だ。立方マイルが、4/3 π 立方キロメートルにほぼ等しく、半径 X キロメートルの球の体積は1辺が X マイルの立方体の体積にほぼ等しくなるとは。

なったら DNS（ドメイン・ネーム・システム。インターネット上でドメイン名と IP アドレスの対応関係を管理するシステム）の健全性が脅かされる。したがって、地球でこれをやるのは絶対に避けねばならない（2011年米国議会に、ネット上の著作権侵害行為防止法案が提出された。DNS の機能を阻害するなどの法的措置を可能にするもので、それにより運営が阻まれる、ウィキペディアなど不特定多数の投稿者で成り立つサイトが 2012 年 1 月に停止、これに抗議するという事件があり、xkcd、reddit も同調したことを踏まえている。ただし、ここで危ぶまれるのは生物が全滅すれば飯のタネがなくなるという事態なので、回りくどいジョークとも言える）。

そこで、モグラを惑星間空間に集めることにしよう。重力の作用で、モグラたちは 1 つの球にまとまるだろう。肉はあまりスムーズには縮んでいかないだろうから、重力収縮は少ししか進まず、月より少し大きな「モグラ惑星」ができあがるだろう。

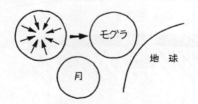

モグラ惑星の表面重力は地球の約 16 分の 1 になるだろう。冥王星と同じぐらいだ。モグラ惑星は、誕生したときは、全体で均一にほのかに暖かく（室温より少し暖かいぐらい）、やがて重力収縮で内部深くは少し温度が上がるだろう。

面白いのはここからだ。

モグラ惑星は巨大な肉の球だ。膨大な潜在エネルギーが蓄えられているだろう（モグラ惑星には、地球の人口を300億年にわたって支えるに十分なカロリーが含まれている）。通常、有機物が分解する際、その潜在エネルギーの多くが熱として放出される。だが、モグラ惑星のほぼ全体で、圧力が100メガパスカルを超える。この高圧では、バクテリアはすべて死滅し、モグラの遺骸は滅菌状態に維持されるだろう。モグラの組織を分解する微生物がまったくいなくなってしまうからだ。

表面近くの、圧力がやや低い部分には、分解を妨げるまた別の要因がある。それは、モグラ惑星の内部には酸素が少ないという問題だ。酸素がなければ、通常の分解は起こらず、モグラを分解できるのは酸素を必要としないバクテリアだけだ。これがいわゆる嫌気性分解で、非効率的ではあるが、かなりの量の熱を開放することができる。放ったらかしにされてどんどん進むと、モグラ惑星は沸騰しはじめるかもしれない。

しかし、この分解は自己制御的だろう。60℃以上で生き残るバクテリアはほとんどいないので、温度が上昇するにつれてバクテリアは死んでいき、分解は減速するだろう。モグラ惑星全体で、モグラの体は徐々に分解してケロゲンになる。ケロゲンはふにゃふにゃした有機物の混合体で、もしもモグラ惑星がもっと高温だったならば、やがて石油となるはずのものだ。

モグラ惑星の表面は、熱を宇宙に放出し、その結果凍結するだろう。モグラたちは、文字通り毛皮のコートとなる

ので、凍結した際にはモグラ惑星の内部を保温し、熱が宇宙へ逃げるのを遅らせるだろう。しかし、液状の内部では、放射より対流が優勢になるだろう。高温の肉と、メタンなど拘束された気体（そして、死んだモグラの肺の内部にあった空気も加えて）の泡が時おりモグラ惑星の地殻を貫通して、火山のように表面から噴き出すだろう。モグラの死体をモグラ惑星から宇宙空間へ吹き飛ばす、死の間欠泉だ。

数百年、もしくは数千年のあいだこのような混乱が続くが、やがてモグラ惑星は静かになり、温度も下がって、内部に向かってどんどん凍結しはじめるだろう。内部深くは超高圧なので、凍結の過程で、水は氷Ⅲ、氷Ⅴタイプのエキゾチックな結晶になり、最終的には氷Ⅱ、氷Ⅸタイプの結晶を形作るだろう。[(4)]

というわけで、結局はじつに寒々しいことになるわけだ。しかし幸い、1モルのモグラを1つの惑星に存在させるもっといい方法もある。

私は、地球のモグラの生息数（もしくは、小型哺乳類全体としてのバイオマス）について、信頼できる数値を一切知らない。しかし、あてずっぽうで、人間1人に対して、ハツカネズミ、クマネズミ、ハタネズミその他の小型哺乳類が少なくとも数十匹ずつ存在していると見積もってみよう。

私たちの銀河には、10億個の居住可能な惑星が存在すると考えられる。それらの惑星を私たちが植民地化したとすると、私たちと一緒にハツカネズミやクマネズミも付い

---

(4) 本題とは無関係です。

てくることは間違いない。居住可能惑星 100 個に 1 個の割合で、小型哺乳類が地球と同様の数生息するようになったとすると、2、300 万年のうちには——生物進化の観点からすると長い時間ではない——、それまでに生きたことのある小型哺乳類の総数はアボガドロ数、すなわちその生き物 1 モルぶんの数を超えるだろう。

　1 モルのモグラをお望みなら、宇宙船を作るのがいいだろう。

ヘアドライヤー

質問. 連続出力可能なヘアドライヤーを1台、1辺が1メートルの密閉された立方体のなかに置いたとすると、どんなことになるでしょうか？

——ドライ・パラトゥルーパ

答.

一般的なヘアドライヤーは、1875ワットの電力を使う（アメリカでの話。日本では家庭用ならせいぜい1200ワット程度）。

この1875ワット分の電力すべてがどこかに行かねばならないわけだ。密閉された立方体のなかで何が起こるにしろ、ヘアドライヤーが1875ワットの電力を消費しているのなら、最終的には1875ワットの熱が流出することになる。

これは、電力を使うすべての道具について言えることで、知っておくと便利だ。たとえば、充電し終わったあと、充電器を壁のコンセントに差したままにしておくと、電力が無駄に消費されるのではないかと気にする人がいる。本当にそうだろうか？ 熱の流出を考えれば、簡単な経験則が導き出される。それは、「使われていない充電器に触れても温かくなければ、それは高々1日1セント分の電力しか消費していない」という法則だ。スマートフォン用の小さな充電器なら、触って温かくなければ、1年1セント分の電力も消費していない。電力を使うほとんどすべての機器について、同じ法則が成り立つ(1)。

さて、密閉された立方体に戻ろう。

熱はヘアドライヤーから立方体の内部へと流出する。こ

のドライヤーは絶対に壊れないと仮定すると、立方体の内部はどんどん温度が上がりつづけ、立方体の外側は60℃に達する。この温度になると、立方体が外部へ熱を失う速さと、内部でドライヤーが熱を与える速さとが等しくなり、系全体が平衡状態になる。

「お父さん、お母さんより温かいぞ！
今から僕、この箱の子になるよ」

弱い風が吹いている場合や、立方体が載っている床が濡れていたり金属だったりで、熱伝導がよく、熱が素早く逃れる場合には、平衡温度は少し低くなる。

立方体が金属でできているなら、5秒以上手を触れていると火傷をするほど熱くなる。木でできている場合、しばらく手を触れていても大丈夫だろうが、ヘアドライヤーの吹き出し口が接している部分が発火する恐れがある。

立方体の内部はオーブンのような状態になる。どれだけの温度に達するかは立方体の壁の厚さによって決まる。壁が分厚く、また、断熱性が高いほど、平衡温度は高くなる。

（1） しかし、別の電気機器とつながっているものについては必ずしもそうとは限らない。充電器にスマートフォンやラップトップが接続されていたら、電力は壁から充電器を通してその電気機器へと流れている可能性がある。

それほど厚い壁を用意するまでもなく、ヘアドライヤーがおしゃかになるほどの高温にはなる。

しかし今は、絶対に壊れないヘアドライヤーを使っていると仮定しよう。そして、絶対に壊れないヘアドライヤーのようにいかしたものを持っているなら、使用電力を1875ワットに制限してしまうなんてあまりに残念な気がする。

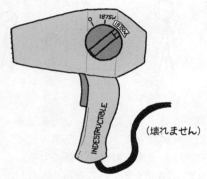

ヘアドライヤーから1万8750ワットの熱エネルギーが流出しているとすると、立方体の壁は200℃を超える温度に達する。弱火から中火で温めたフライパンと同じくらいの熱さだ。

このドライヤーのダイヤルは、どこまで上げられるのだろう？

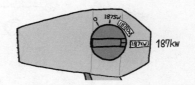

ダイヤルはなぜか、もっともっと大きな数字を刻むスペースが余裕で残っている。

立方体の表面は、いまや600℃に達し、赤黒く輝きはじめる。

立方体がアルミでできているなら、内側が融解しはじめる。鉛製なら、外側が融解しはじめる。木の床の上に置いてあるなら、家が火事になっている。しかし、周囲の状況はどうでもいい。ヘアドライヤーは絶対に壊れないのだから。

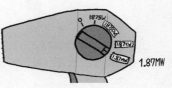

レーザーに2メガワットを供給すると、ミサイルが破壊

できる出力になる。

1300℃に達し、立方体は今や溶岩と同じくらいの温度だ。

もう一目盛り。

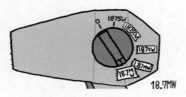

このドライヤーはたぶん規格外だ。

この状態で、18メガワットが立方体内部に流入している。

立方体の表面は2400℃に達する。鉄鋼製なら、ここまでくる前に溶融しているだろう。タングステンのようなものでできていれば、もう少し長くもつだろう。

もう一目盛だけ上げて、そこで終わりにしよう。

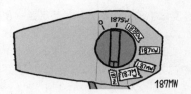

187メガワットの電力が与えられれば、立方体は白く発光する。このような状況で持ちこたえられる物質はあまりないので、この立方体もドライヤー同様、何があっても壊れないと仮定せねばなるまい。

床は溶岩でできている。

しかし、あいにくと床はそうではなく、限界がある。

立方体が床を焼いて、下に落ちてしまう前に、誰かが水入り風船を立方体の下に投げ込む。水蒸気爆発が起こって立方体は玄関のドアから飛び出し歩道に落ちる。[2]

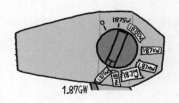

---

(2) 注意:もしもあなたが、燃えている建物のなかに私と一緒に閉じ込められることになったとき、私が脱出できるかもしれない方法を提案しても、取り合わないのが一番いいでしょう。

さて、今度は1.875ギガワットだ（さっき終わりにしようと言ったのは嘘です）。映画『バック・トゥ・ザ・フューチャー』によれば、今やこのヘアドライヤーは時間を遡れるほどの電力を使っていることになる（『バック・トゥ・ザ・フューチャー』のタイムマシンは1回のタイムトラベルに1.21ギガワットの電力を使う）。

立方体は目がくらむほどの明るさで、すさまじい熱のため、数百メートル以内には近づけない。立方体は溶岩だまりの真ん中に鎮座しているが、その溶岩だまりはどんどん大きくなっていく。50から100メートル以内にあるものはすべて瞬時に燃え上がる。熱と煙が空高く立ち昇る。立方体の下でガス爆発が起こるたびに立方体は飛び上がり、あたりに火を付け、落ちたところで新たに溶岩だまりを形成する。

ダイヤルを回しつづけよう。

18.75ギガワットでは、立方体のまわりを包む状況は、スペースシャトル打ち上げ時の発射台なみの熱さだ。自らが作り出す上昇気流で、立方体は大きく揺れはじめる。

1914年にH・G・ウェルズは、小説『解放された世界』でこのような装置を想像して描いた。それは一度爆発

したら終わりというのではなく、何度も繰り返し爆発する爆弾で、延々と燃えつづけ決して消すことのできない猛火を都市の中核で起こす。ウェルズのこの小説は、30年後の核兵器の開発を、薄気味悪いほど正確に予言している。

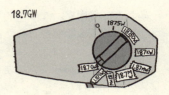

立方体は今や空中を浮遊している。地面に届きそうになるたびに、地表が極度に熱され、それによって膨張する空気の勢いで、立方体は再び上空へと急上昇する。

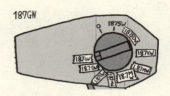

1.875テラワットの熱エネルギーが噴出する状態は、家1軒分積み上げたTNT火薬が毎秒爆発しているようなものだ。

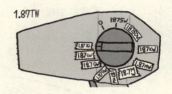

火災旋風——大規模な火災が上昇気流を起こすことをきっかけに、旋風が持続する状態ができ、移動しながら燃えつづける現象——が一帯を吹き抜ける。

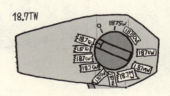

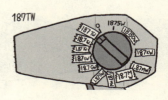

新たな記録樹立。このヘアドライヤーは、今や世界中のすべての電気機器を合わせたよりも大量の電力を消費している。

空高く舞い上がっている立方体は、毎秒「トリニティ」核実験を3回行なっているのに相当するエネルギーを放出している。

ここまでくると、このあとどうなるかは明らかだ。この立方体は大気のなかを跳び回り、最終的には地球を破壊してしまうだろう。

違うことを試してみよう。

立方体がカナダ北部を通過しているときにダイヤルをゼロにする。急激に温度が下がり、立方体は地球に向かって急降下し、グレートベア湖に落下して、水蒸気を噴き上げる。

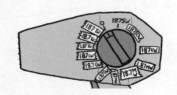

そして……

ここで「11」は11ワットではなく、11ペタワットを意味する。

短いお話：

　最も高速に達した人工物の公式記録は、太陽探査機ヘリオス2号で、太陽に接近し、その周囲をスイングバイの手法で回った際に秒速約70キロメートルに達した。しかし、真の意味で最高速度に達した人工物と呼ぶべきは、重さ2トンのとある金属製のマンホールの蓋なのかもしれない。

　この蓋は、プラムボブ作戦（1957年に実施された核実験。アメリカ合衆国本土で行なわれた核実験としては最大規模のもの）の一環としてロスアラモス研究所が使用した地下核実験場のシャフトの最上部にあった。1キロトンの核爆弾が地下で爆発した際、施設は事実上、核を使ったジャガイモバズーカと化し、ジャガイモの代わりに蓋がものすごい力で飛ばされたのだ。蓋を映していたハイスピードカメラの映像を見ると、蓋は、たったの1こまで上に向かって飛んで、その後消えてしまった。つまり、蓋は最低でも秒速66キロメートルの速さで飛んでいたわけである。この蓋はどこを探しても見つからなかった。

　この秒速66キロメートルというのは、脱出速度（地球の重力を振り切るために必要な地上での初速度。秒速約11.2キロメートル）の約6倍である。しかし、大方の期待を裏切って申しわけないが、この蓋が宇宙に到達した可能性はほとんどない。ニュートン近似による衝撃深さ解析からは、蓋は大気との衝突によって完全に破壊されたか、速度が低下して地球に戻ってきて落ちたかのどちらかだろうと推測される。

湖水にプカプカ浮かんでいるヘアドライヤー入りの立方体のスイッチを再び入れると、立方体はこの蓋と同じようなプロセスを経る。立方体の下では温められた水蒸気が急激に膨張し、立方体は空中に浮かび上がると同時に、湖全体が水蒸気と化す。大量の放射で熱せられた水蒸気はプラズマ状態となり、立方体をどんどん加速する。

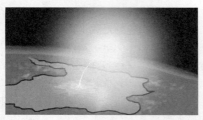

カナダ人初の宇宙飛行士クリス・ハドフィールド船長のご好意による写真

マンホールの蓋のように猛烈な勢いで大気に突っ込むのではなく、立方体は膨張するプラズマの球のなかを飛ぶが、ほとんど抵抗は受けない。大気圏を脱出したあとも飛びつづけ、第2の太陽と呼べるほどの最初の明るさから徐々に暗くなっていき、暗い恒星程度になる。北米大陸の北西部の大部分は焼け野原と化しているが、地球は持ちこたえた。

しかし、こんな実験、しなければよかったと思っている人が2、3人いるようだ。

〈ホワット・イフ?〉のウェブサイトに寄せられた変な(そしてちょっとコワい)質問 その2

質問. チェルノブイリの原子炉で炉心溶融が起こっている最中に、反物質を投下していたなら、炉心溶融は止まったでしょうか?　——AJ

「AJ、あなたのチェルノブイリ原発事故への取り組みを認め、『いったいぜんたい、君は何を考えてたんだ?』賞を贈ります」

「《スター・ウォーズ・ホリデー・スペシャル》のVHSテープをかたどったトロフィーです」

(訳注:1978年のテレビ映画、《スター・ウォーズ・ホリデー・スペシャル》はそのあまりの出来の悪さにファンや評論家から酷評され、G・ルーカスの黒歴史として封印されたと言われる。酷評の収められた本に、デイヴィッド・ホフスティード著『彼らは何を考えてたんだ?』〔未訳〕というものがあった)

質問. 大泣きのしすぎで脱水症状になることはありますか?　——カール・ウィルダームス

カール、大丈夫?

最後の人工の光

質問. 何かの理由で地上からすべての人間が消え去ったとしたら、最後の人工的な光が消えてしまうまでにどれくらいかかりますか?

——アラン

答.

「最後の光」の栄誉を巡っては、対立候補がたくさんありそうだ。

アラン・ワイズマンが2007年に出した『人類が消えた世界』という素晴らしい本は、人類が突然消滅したら、地球にある家、道路、高層ビル、農場、動物に何が起こるかをとても詳しく推測している。2008年に放映されたテレビ・シリーズ、《人類滅亡—Life After People—》(アメリカのテレビチャンネル、「ヒストリー」が制作した番組で、日本でもヒストリーチャンネル・ジャパンが配信)も、同じテーマを扱っていた。だがどちらも、この「最後の光」という問題についてはお茶を濁していた。

ここでは、はっきりしていることから話を始めよう。それはこういうことだ。たいていの光はそれほどもたない。なぜなら、主な送電網が割合早く機能停止してしまうからだ。世界の電力の大部分を生産している化石燃料発電所は、燃料を絶えず供給しなければ発電できないが、この供給網は、随所に人間の判断があってこそ成り立っている。

> 2017年8月4日、オンラインでスカイネット（映画『ターミネーター』で登場する、自意識を持ったコンピュータ・ネットワーク）が導入され、当発電所の燃料購買決定の責任者に任命された。

> 8月29日、スカイネットは自意識に目覚め、人類の殲滅を決意した。

> 幸い、スカイネットにできたのは燃料の購買を拒否することだけだった。

> 結局、誰かがスカイネットをオフの状態に戻した。

　人間がいなくなれば、電力需要も低下するだろうが、サーモスタットは働きつづけるだろう。最初の数時間のうちに、石炭や石油を使う火力発電所は停止するだろうから、ほかの方式の発電所で不足を補わねばならない。この種の状況は、人間の指揮があっても対処しにくい。その結果、瞬く間にねずみ算式に多数のトラブルが発生し、主な送電網はすべて停電してしまうだろう。

　しかし、主な送電網にはつながっていない電源からも相当な量の電力が供給されている。そのいくつかをとりあげ、それらがいつ停止するか見てみよう。

ディーゼル発電機

　離島などの辺鄙（へんぴ）な地域では、ディーゼル発電機で電力を

まかなっていることが多い。ディーゼル発電機は燃料がなくなるまで働きつづけるので、たいていのものは、数日から数ヵ月はもつだろう。

地熱発電所

人間が燃料を供給する必要のない発電所は、人手を要する発電所よりも平常の状態を保ちやすいだろう。地熱発電所は地球内部の熱を動力としているので、人間の介入なしにしばらくのあいだ稼動しつづけるだろう。

アイスランドのスヴァルスエインギ地熱発電所のメンテナンス・マニュアルには、6カ月ごとにギアボックスのオイル交換をし、電気モータと継ぎ手のすべてにグリースを塗りなおさねばならないとある。このようなメンテナンス作業をする人間がいなくても、数年間稼動しつづける発電所もあるだろうが、それらもすべて、やがて腐食のために停止してしまうだろう。

風力タービン

風力発電に依存している人たちは、大方の人よりもましな境遇にあるだろう。それは、風力タービンは、常にメンテナンスする必要がないように設計されているからだ。そうなっているのは、風力タービンは数が多いし、しかも登るのがたいへんだから、という単純な理由からである。

風力タービンのなかには人の手を借りなくとも長期間持ちこたえるものもあるだろう。デンマークのゲッサー風力タービンは、1950年代後半に建設され、11年間にわたりメンテナンスなしで電力を供給した。最近の風力タービン

は、保守作業なしで3万時間（3年間）稼動可能という規格のものが一般的で、なかには数十年間稼動するものもあるのは間違いないだろう。そのひとつに、光って状態を表示する LED が少なくとも1個どこかに付いているに違いない。

最終的には大部分の風力タービンが、地熱発電所が停止するのと同じ原因で止まってしまうだろう。そう、ギアボックスが焼き付いてしまうのだ。

水力発電ダム

落下する水の力を電力に変換する水力発電所は、かなり長いあいだ稼動しつづけるだろう。ヒストリーチャンネルの番組、《人類滅亡― Life After People ―》でフーバー・ダムの職員のインタビューが紹介されたが、この職員の話では、仮にすべての職員が立ち去ったとしても、このダムは自動運転モードで数年間稼動しつづけるだろうとのことだった。ダムはおそらく、給水系統の詰まりか、あるいは、風力タービンや地熱発電所を襲うのと同じ種類の機械的故障で停止するだろう。

電池

電池式の照明はすべて10年か20年で消えてしまうだろう。電池は、たとえ使っていなくても、徐々に自然放電する。種類によっては長持ちするが、寿命の

永久ライト　無限個の単3電池使用（別売）

長さを謳っている電池でも、普通は10年か20年くらいしか電気を保てない。

いくつか例外がある。オックスフォード大学のボドリアン図書館の一部が入っているクラレンドン・ビルディングのなかに、1840年から働きつづけている電池式のベルがある。このベルが「鳴る」音はあまりに小さく、ほとんど聞こえない。左右にある真鍮のベルのあいだを、金属球の振り子が往復し、球がベルに当たるたびにかすかな音がするのだが、この際使われる電気量はごくわずかだ。真鍮のベルのそれぞれに電池がひとつずつ接続されているが、これがどんな種類の電池なのか誰も知らない。それを明らかにするためにはベルを分解しなければならないが、そんなことは誰もしたくないのだ。

CERN（欧州原子核研究機構）の物理学者たち、オックスフォードのベルを調査

残念ながら、このベルに照明は付いていない。

原子炉

原子炉はちょっとややこしい。省電力モードに入ったなら、原子炉はほぼ永久に運転しつづけることが可能だ。原子炉で使われる燃料のエネルギー密度は、それほど高い。

どこぞのウェブコミックでこう描かれているとおりだ。

残念なことに、たとえ燃料が十分あっても、原子炉はそれほど長く稼動しつづけることはない。何か問題が発生すればたちまち、炉心が自動的にシャットダウンされる。このシャットダウンはすぐに起こるだろう。炉心停止をもたらす要因にはさまざまなものがあるが、最も可能性が高いのは外部電源の喪失だろう。

発電所が稼動しつづけるために外部電源が必要だというのは奇妙に感じるかもしれない。しかし、原子炉のあらゆる部分の制御システムは、何かの問題が生じた際に瞬時に停止（緊急停止、もしくは SCRAM という）するよう設計されている。外部の発電所の停止、あるいは、原子炉施設

──────────
（1）　エンリコ・フェルミが世界初の原子炉を建設したとき、制御棒はバルコニーの手すりに結ばれたロープで吊るされていた。何か問題が生じた場合に備え、手すりの隣には優秀な物理学者がひとり、手に斧を持って待機していた。おそらくこれが、SCRAM は「Safety Control Rod Axe Man（制御棒作動用斧担当者）」の略語だという眉唾な説の出所だろう。

内のバックアップ用発電機の燃料切れで外部電源が失われると、原子炉は SCRAM する。

宇宙探査機

すべての人工物のなかで最も長持ちするのは、宇宙船かもしれない。軌道が数百万年にわたって維持されるだろう宇宙船もいくつかある。ただし、普通は電力がそこまでもたない。

われわれが送り込んだ火星探査機(ローバー)は、数百年のうちに塵に埋もれてしまうだろう。そのころまでには、打ち上げられた人工衛星の多くが、軌道が減衰して落下し、地球に戻っているだろう。比較的高度が高い軌道にある GPS 衛星は、低軌道にある衛星より長持ちするだろうが、それでもいつかは、どんなに安定な軌道であっても、月と太陽によって乱されてしまう。

宇宙船の多くは太陽電池パネルで電力をまかなっている。そのほか、放射性崩壊を利用した原子力電池を使う宇宙船もある。たとえば、火星ローバーのキュリオシティは、お尻に突き出た棒の先の格納庫に入っているプルトニウムの塊が出す熱を電力に変換して使っている（正式名称は放射性同位体熱電気転換器、略称 RTG）。

死のマジックボックス

キュリオシティは、100年以上にわたってRTGから電力をもらいつづけられるはずだ。最終的には、キュリオシティを動かせないところまで電圧が下がってしまうだろうが、おそらくその前にほかの部分が磨耗しきってしまうだろう。

　そんなわけで、キュリオシティには期待が持てそうだ。だがひとつ問題がある。光を発しているとは思えないのだ。

　もちろんキュリオシティには照明がある。採取したサンプルを照らして、分光器で測定を行なう。しかし、この照明は測定時にしか点灯されない。指示する人間がいなくなれば、照明を付ける理由はなくなる。

　人間が搭乗していないかぎり、宇宙船には照明はそれほど必要ない。1990年代に木星を探査したガリレオ探査機は、飛行記録装置に数個のLEDを使っていた。これらのLEDは、可視光ではなく赤外線を発していたので、「照明」と呼ぶのはちょっと拡大解釈だ。それに、いずれにせよ、ガリレオは2003年、意図的に木星に衝突させられてしまった。[2]

　ほかの人工衛星もLEDを搭載している。たとえば、一部のGPS衛星は、装備されている機器が帯電するのを防ぐため、紫外線LEDを使っている。これらの衛星は太陽光パネルで電力をまかなう。したがって理屈の上では、太陽が輝いているかぎり機能しつづける。残念なことに、大部分の衛星はキュリオシティほど長持ちせず、最終的には、

（2）　ガリレオを木星に墜落させたのは、水が存在するエウロパなど、近くにある木星の衛星を地球のバクテリアでうっかり汚染しないよう、ガリレオ探査機を完全に焼却してしまうためだった。

宇宙ゴミに何度も衝突されて壊れてしまう。

だが、太陽光パネルが使われているのは宇宙だけではない。

太陽光

アメリカでは、僻地の道路脇などに緊急通報用の電話ボックスがあるが、多くは太陽光発電で電力を得ている。夜間照明用のライトがついているのが普通だ。

風力タービンと同じく、保守作業が困難なので、長期間もつように設計されている。埃や砂塵などが積もらない限り、太陽光パネルは一般的に、それに接続されている電子機器と同じくらいもつ。

太陽光パネルの配線や回路は、最終的には腐食によって機能しなくなるだろうが、乾燥した場所で頑丈に設置された太陽光パネルは、露出したパネルが風や雨に曝されるたびにうまく埃が除去されれば、100年は電力を供給しつづけられる。

照明の厳密な定義にしたがえば、僻地にある太陽光パネルは、最後まで機能しつづける人工照明かもしれない。(3)

しかし、もうひとつ対立候補がある。それはちょっと変わった光だ。

（3）ソ連では、放射性崩壊で生じる熱を電気に変換して動力源とする灯台がいくつか建設されたが、現在稼動しているものはない。

チェレンコフ放射

放射線は普通目には見えない。

「私の時計、もう光らないんだ。
時はどんどん過ぎていく。
ラジウムの光ももう出ない！──」

「それって1991年製の計算機付き腕時計
でしょ。電池が切れただけだよ」

「……でもさ。ああ、
時間ってものは」

昔の時計の文字盤にはラジウムを含んだ塗料が使われていて、暗いところでも文字が光って時間が読めた。しかし、これは放射線そのものによる光ではなかった。光っていたのはラジウムの上に塗られていた蛍光塗料で、それがラジウムから出る放射線に刺激されて発光していたのだ。この塗料は歳月が経つにつれて剥がれ落ちた。そうなると、依然として文字盤に放射能はあるのに、文字はもはや光らなかった。

しかし、私たちの周辺にある放射性の光源は時計の文字盤だけではない。

放射性を持った粒子が水やガラスなどの物質を通過するとき、それらの粒子は、光学的ソニックブームとも呼ぶべき現象を起こして光を放射する。この光はチェレンコフ放射と呼ばれ、原子炉の燃料棒が入ったプールで観察される、独特の青色の光がその一例である。

セシウム137をはじめ、私たちが出す放射性廃棄物は、溶かしてガラスと混ぜられたうえで冷却されてブロック状に固化され、安全に運搬や保管ができるように、放射線を遮蔽する層でさらに被われる。

暗いところでは、これらのガラスブロックは青く光る。

セシウム137は半減期が30年だ。したがって、200年後も、最初の放射能の1パーセントが保たれていて、その分の光をなおも出していることになる。光の色は原子核が放射性崩壊するときに放出される崩壊エネルギーだけで決まり、放射線の量にはよらないので、時が経つにつれ暗くなるものの、同じ青色を保つはずだ。

どうやらこれが求める答らしい。今から何百年ものち、コンクリートの貯蔵庫の奥深くで、私たちが生み出した最も毒性の高い廃棄物がなおも輝いているだろう。

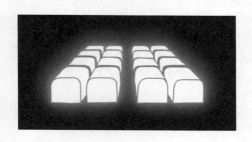

マシンガンでジェットパックを作る

質問． マシンガンを何挺(ちょう)か束ねて下向きに撃ってジェットパックの代わりにし、飛ぶことはできますか？

——ロブ・B

（訳注：ジェットパックは、人間が背負って使う噴射式の飛行装置で、ロケットベルトとも呼ばれる）

答． 検討してみたところ、答が「イエス」だったので、私はちょっとびっくりしてしまった。しかし、ほんとうにちゃんとやるには、ロシアの人たちに訊いたほうがいい。

原理は極めて単純だ。弾丸を前向きに発射すれば、反動で後ろに押される。したがって下向きに発射すれば、反動で上に押し上げられるはずだ。

最初に明らかにしなくてはならないのは、「銃は、発砲時の反動によって銃自体の重さを持ち上げられるだろうか？」という点だ。あるマシンガンが、重さは 10 ポンドなのに、発砲時の反動は 8 ポンド分しかなかったなら、そのマシンガンは自らを地面から持ち上げることはできない。自分に人間ひとりを加えたものはなおさら無理だ。

技術の世界では、飛行機や宇宙船の推力と重さの比を、実に適切に**推力重量比**と呼ぶ。推力重量比が 1 未満なら、その飛行機または宇宙船は離陸できない。サターン V 型ロケットは離陸時の推力重量比が約 1.5 だった。

私は南部で育ったけれども、銃についてはあまりよく知らないので、この質問に答えるのを手伝ってもらおうと、テキサスにいる知人に連絡した。(1)

114 WHAT IF? Q1

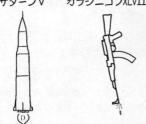

サターンV　　カラシニコフXLVII

おことわり：ここに書かれていることを、ご家庭では絶対にお試しにならないよう、切にお願い申し上げます。

調べてみると、カラシニコフ自動小銃 AK-47 の推力重量比は約 2 であることがわかった。だとすると、AK-47 を上下逆さまに立てて、引き金を何らかの手段で引いたままの状態で固定したら、AK-47 は発砲しながら空へと昇っていくはずだ。

すべてのマシンガンでこうなるわけではない。たとえば M60 機関銃では、自分を地面から持ち上げるに足るだけの反動はないだろう。

ロケットが生み出す（もしくは銃の発砲による）推力の大きさは、（1）後方にどれだけの質量を放出しているかと、（2）その放出の速度はどれだけか、という 2 つの要因に依存する。推力は、この 2 つの量の積で、次の式で表される。

推力 = 一定時間あたりに放出する質量×放出の速度

AK-47 1 挺が、1 秒間に 8 グラムの弾丸を 10 個、秒速

---

(1) 私が寸法や重さを計測できるように彼らが自宅いっぱいに並べてくれた武器の量から考えるに、テキサスは映画『マッドマックス』ばりの、世界終焉後の戦争地帯のようなものになっているらしい。

715メートルの速度で発射するとすると、その推力は次のように計算される。

10個の弾/秒 × 8グラム/弾 × 715メートル/秒
= 57.2N ≒ 13ポンドの力
（力の単位の換算式、1N = 0.22481重量ポンドを使っている）

AK-47は、弾薬を込めた状態で10.5ポンドの重さしかないので、これだけの推力があれば、離陸し、上方に加速できるはずだ。

実際の推力は、これより約30パーセント高い。それは、銃は弾丸だけを放出しているわけではないからだ。高温の気体と火薬の滓（かす）も同時に吐き出している。これによってどれだけの推力が加わるかは、銃とカートリッジによって異なる。

全体としての効率は、薬莢を捨てるのか捨てないのかでも違ってくる。この計算をするために、テキサスの知人らに頼んで、何種類かの薬莢の重さを量ってもらった。彼らが秤が見つからず困っていたので、秤を持っている誰かほかの人を見つけ、あなたがたの保有している大量の銃器を見てもらえばいいのではないですかと助言をしたら、役に立てたようだ。[2]

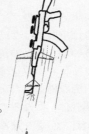

さて、ここまでの話から、ジェットパ

---

[2] できれば、武器はそれほど持っていない人がいい。

ックをめぐるわれわれの目論見について、どんなことがわかっただろう？

それはこういうことだ。AK-47 は離陸することはできるが、リス1匹よりも重いものを持ち上げるだけの余分な推力はないのである。

複数の銃を使うことを検討してみよう。銃を2挺地面に向かって撃てば、推力は2倍になる。1挺の銃が、自分の重さに5ポンド上乗せして持ち上げることができるなら、2挺なら上乗せ分は10ポンドになる。

こうなると、われわれの進むべき方向は明らかだ。

君が今日宇宙に行くのは無理みたいだ。

十分な数のライフルを用意すれば、持ち上げる人間の重さは重要ではなくなる。多数の銃が人間の重さを分かちあうので、個々の銃は人間の重さなどほとんど感知しない。ライフルの数を増やしていくと、このシステムは「個別に自分を推進しながら並行して飛んでいる多数のライフルの集合体」になるので、システム全体としての推力重量比は、余計な重さを運んでいない、1挺のライフルのそれに近づく。

マシンガンでジェットパックを作る 117

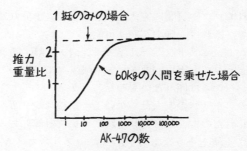

しかし、ひとつ問題がある。弾薬だ。

1挺のAK-47は30発の弾を装塡できる。毎秒10発撃つとすると、これでは推進力の得られる時間はたった3秒しかない。

弾倉を大きくすることでこの状況を改善できる。しかし、それはある程度までだ。250発以上の弾を装備しても何のメリットもない。その理由は、燃料を増やせば重くなるからだ。ロケット科学最大の根本問題である。

弾丸1個は重さ8グラムで、カートリッジ（いわゆる「実包」、つまり、弾丸、薬莢、発射薬、銃用雷管からなる、実際に発射できるもののこと）の重さは16グラムを超える。約250個以上の弾を装備すれば、AK-47は重くなりすぎて離陸しないだろう。

このことから、最も望ましいのは、1挺あたり弾薬を250発装塡した多数のAK-47（最低25挺。しかし理想的には少なくとも300挺）を用意することだとわかる。こうして組み立てた装置で最大のものなら、上方に加速して、秒速100メートルに近い垂直速度に達し、上空500メートルまで到達できるだろう。

これでロブの質問に答えたことになる。十分な数のマシンガンがあれば、飛ぶことは可能だ。

しかし、こうして完成したわれわれの AK-47 システムは、どう見ても実用的なジェットパックではない。もっといいシステムは作れないものだろうか？

私のテキサスの友人たちがいくつかのマシンガンを提案してくれたので、私はそれぞれについて計算してみた。結構うまく使えそうなものもあった。グロスフス MG-42 機関銃は相当重たいが、推力重量比は AK-47 よりわずかながら大きい。

さらに大きな銃も検討してみた。

GAU-8 アベンジャー機関砲は、1 ポンドの弾丸を 1 秒間に最高で 60 発撃つことができる。発砲の反動は 5 トン近くになるが、この機関砲が搭載される飛行機は A-10「ウォートホッグ」という攻撃機で、エンジン 2 つが生み出す推力はわずか 4 トンということからすると、素人にはアンバランスな感じがする。1 機の A-10 に GAU-8 を 2 門装備して、2 門とも前方めがけて発射し、同時に A-10 のエンジンを全開にしたら、2 門の機関砲のほうが優って、飛行機は後ろ向きに加速するだろう。

GAU-8 の威力はこんなふうにも言い表せる。私が自分の車に GAU-8 を 1 門装備し、車のギアをニュートラルにして、車が停止している状態で機関砲を後ろ向きに発砲したなら、私は 3 秒以内に、州間高速道路の制限速度を超えてしまうだろう。

マシンガンでジェットパックを作る 119

「じつのところ、どうやって停止できたか
不思議でしょうがないんですが」

　ロケットパック・エンジンもこれと同じくらいの性能が出せると思われるが、ロシア人たちがもっといいものを実際に作っている。ソ連が開発したグリアゼフ＝シプノフGSh-6-30機関砲は、重さはGAU-8の半分なのに発射速度ははるかに高い。GSh-6-30の推力重量比は40近くにもなる。つまり、GSh-6-30 1門を地面に向けて発砲したら、この機関砲は危険な金属片がものすごい速さで四方八方に飛び散るなかで離陸するのみならず、それを発砲した人は40G、すなわち重力加速度の40倍の反動を受けることになるわけだ。

　これはちょっといきすぎだ。実際GSh-6-30は、爆撃機にしっかり固定させて使用された際にも、反動が問題になった。次の引用のとおりだ。

> （GSh-6-30の）反動は……依然として、爆撃機に損傷を与えがちであった。発射速度は毎分4000発にまで抑えられたが、あまり効果はなかった。発射のあと、着陸灯が必ずと言っていいほど壊れた。一気に30発以上撃つのは、自ら災いを招くようなもので、

過熱を起こす……

——グレッグ・ゲーベル、airvectors.net

だが、何らかの方法で人間を固定し、機体を反動に耐える強さに改良し、GSh-6-30を空気力学的に設計された保護板でくるみ、十分冷却されるように配慮したなら……

……山を飛び越えられるかもしれない。

一定のペースで昇りつづける

質問. 突然、毎秒1フィート(毎秒30センチ)のペースで空へと昇りはじめたなら、どういう死に方をしますか? 凍え死にするのと窒息死するのと、どちらが先でしょうか? それとも、また別の死に方をするのですか?

——レベッカ・B

答. コートの持ちあわせはありますか?

秒速1フィートはそれほど速くない。普通のエレベータよりもかなり遅い。友だちの手が届かないところまで昇るのに5から7秒かかるが、この時間は、あなたの友だちの身長によって前後する。

30秒後、あなたは地面から30フィート(つまり9メートル)の高さに達する。Q2の「高く投げる」という章を見るとおわかりいただけるように、この時点が、友だちにサンドイッチやペットボトルに入った水などを投げてもらう最後のチャンスだ。[(1)]

1、2分もすれば、あなたは木よりも高く昇っているだろう。まだこのくらいの高さなら、居心地は地面にいたと

---

(1) そうしたものを受け取れたからといって生き延びられるわけではないが、それでも……

きと別段変わらないはずだ。そよ風の吹く日なら、木よりも高いところでは、地上とは違って風がほとんど止まずに吹いているだろうから、寒く感じるかもしれない。(2)

10分後、あなたは最も高いクラスの超高層ビルを除いて、すべての建物よりも高いところまで達しているだろう。そして25分後、エンパイア・ステート・ビルディングの電波塔の先端も通りすぎるだろう。

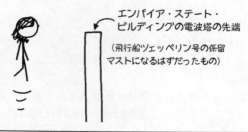

エンパイア・ステート・ビルディングの電波塔の先端

（飛行船ツェッペリン号の係留マストになるはずだったもの）

（2） この質問に答えるにあたって、大気の温度は高さに応じて平均的に変化していると仮定する。もちろん、実際には場所や季節などによって大きく異なる。

この高さの空気は、地表より約3パーセント薄い。さいわい、あなたの体はこの程度の気圧変化には常日頃からちゃんと対応している。耳鳴りはするかもしれないが、それ以外には何も気にならないだろう。

　高さとともに気圧は急速に変化する。ちょっとびっくりしてしまうが、地面に立っているときでも、1メートルに満たない違いで気圧はかなり変化する。最近のスマートフォンには気圧計が付いていることも珍しくないが、あなたの電話にも付いているなら、アプリをダウンロードして、頭と足で気圧がどれだけ違うか実際に確かめることもできる。

　毎秒1フィートは、毎時1キロメートルとほぼ同じとみなせるので、1時間後にはもう、1キロメートル上空だ。ここまで来ると、あなたは間違いなく寒く感じはじめる。コートがあればまだ大丈夫だが、風も強くなってきているのが気になるかもしれない。

　約2時間後、2キロメートルほど昇ったところで、温度は氷点下になる。風も一段と強まっていることだろう。少しでも肌が露出していれば、そこが霜焼けにならないか、気にかかりはじめるだろう。

　この高さでは、気圧は旅客機の客室より低くなり、(3)深刻な影響がいろいろ出てくるだろう。しかし、暖かいコートがなければ、温度の問題のほうが深刻だろう。

　続く2時間、気温はマイナスの値になる。(4)(5)酸素が欠乏し

――――――――――――――――――――――――――――――
（3）　旅客機の室内気圧は、普通加圧して海面気圧の約70から80パーセントに保たれている。これは、私のスマートフォンの気圧計で測定した経験値だ。

てもしばらく生き延びられると仮定しても、やがてあなたは凍え死んでしまうだろう。それは、いつごろのことだろう?

凍死に関する学術研究の権威者は、至極当然のことながら、カナダ人たちのようだ。寒いところで人間がどこまで耐えられるか見積もるのに最も広く使われているモデルは、オンタリオ州にある医薬環境局のピーター・ティクィシスとジョン・フリムが作成したものだ。

このモデルによると、死をもたらす最大の要因は、あなたが何を着ているかだ。もしも全裸なら5時間後ぐらい、酸素が完全になくなってしまう前に、あなたは低体温症で死んでしまうだろう。もしもたくさん服を着込んで暖かい格好をしていたなら、霜焼けにはなるだろうが、ここはもちこたえられるだろう……だがやがて、登山用語でいう**デスゾーン**に至る。

8000メートル、つまり、世界最高峰クラスの山々を除くすべての山の頂上を越える高さに至ると、それより上空

---

(4) 華氏でも摂氏でも。
(5) もちろん、絶対温度表記なら話は別だ。
(6) ありていに言うと、「全裸」という想定をもとに本件に答えようとすると、解明されることより多くの疑問が呼び起こされる。

では、空気中の酸素濃度が生命を維持できないほど低下してしまう。このゾーンに近づくと、精神錯乱、眩暈、動きのぎこちなさ、視力障害、吐き気などのさまざまな症状を経験するだろう。

いよいよデスゾーンの手前まで来ると、あなたの血中酸素量は急激に低下するだろう。静脈は酸素量が低下した血液を肺に戻し、そこで酸素を補給できるようにするはずのものだが、デスゾーンでは空気中の酸素があまりに少ないので、静脈は酸素を得るどころか、逆に空気に酸素を奪われてしまう。

その結果、急速に意識を失い、死んでしまうだろう。これが起こるのは、約7時間後のことだ。あなたが8時間後まで生きている可能性は極めて低い。

彼女は毎秒1フィートずつ昇りながら、その生き方にふさわしい死に方をした。つまり、人生最後の数時間の生き方に見合った死に方をした、ということである。

そして200万年後、あなたの凍結した死体はなおも秒速1フィートで動きながら、太陽系の最果て、ヘリオポーズ（太陽から噴き出す太陽風が、銀河系の星間物質ガスにぶつかって形成する境界面。その境界の内側を太陽圏という）を通過して、星間空間に入るだろう。

冥王星を発見した天文学者、クライド・トンボーは、1997年に亡くなった。彼の遺灰の一部が宇宙船ニューホライズンに載せられており、やがて冥王星を越えて、太陽系外へと飛んでいくはずだ。

今回扱った、毎秒1フィート上昇するという思考実験的な旅は寒く辛いもので、すぐに死に至るだろう。だが、40億年後に太陽が赤色巨星になって地球を飲み込む際、あなたとクライドだけが難を逃れるだろう。

まあ、その点はいいね。

〈ホワット・イフ?〉のウェブサイトに寄せられた変な（そしてちょっとコワい）質問 その3

質問. 現在の人類の知識と能力からして、新しい恒星を作ることは可能ですか？

——ジェフ・ゴードン

「……金曜日までに答が知りたいんだ」

（訳注：sun obliteratorは「太陽の抹消者」の意。カードゲームなどによく出てくるタームをもじっている）

質問. サルの軍隊を召集した場合、兵站上、どのような想定外の事態に出くわすでしょうか？

——ケビン

質問. もしも人間に車輪があって飛べたなら、どうやって飛行機と区別したらいいでしょうか？

——匿名

軌道を回る潜水艦

質問. 軌道に打ち上げられた原子力潜水艦は、いつまでそこで持ちこたえられるでしょう?

——ジェイソン・ラスベリー

答.

潜水艦そのものはもつだろうが、乗組員は困ったことになるだろう。

潜水艦は爆発したりしないはずだ。潜水艦の船殻は、50気圧から80気圧にもなる船外からの水圧に耐えられる強度があるので、宇宙の真空中で、船内空気による1気圧の内圧があっても、何の問題もないだろう。

船殻におそらく気密性で、空気が外に漏れたりはしないと思われる。水密を保つためのシール材は、空気を通さないとは限らないが、50気圧の水圧のもとで水が船殻の内側に入ってくることができないのだから、空気が漏れるとしても、すぐに全部漏れてしまうことはあるまい。空気を外に逃すための、専用の一方向弁が2、3個あるかもしれないが、十中八九潜水艦は、空気を逃さずにいられると思われる。

乗組員が直面する深刻な問題は、誰でもすぐ気づくもの、すなわち空気だろう。

原子力潜水艦は電気を使って、水から酸素を取り出している。宇宙には水がないので[要出典]、軌道上にある潜水艦は、呼吸に適した空気を新たに作り出すことができないだろう。少なくとも2、3日生き延びられるだけの予備の酸

素は搭載されているが、やがて厄介なことになるはずだ。

　寒くならないように原子炉を稼動させることはできるが、どの程度稼動させるかには特別な配慮が必要だ。なぜなら、海のほうが宇宙よりも寒いからだ。

　科学的に厳密な話をすると、これは正しくない。宇宙はとても寒いということは誰もが知っている。宇宙船が暑くなりすぎる恐れがあるのは、宇宙空間は水よりも熱伝導性が悪く、水中の船内に比べて宇宙船内のほうが熱が蓄積しやすいからだ。

　だが、これ以上に細かいところまでこだわるなら、さっきの言葉は正しい。海は宇宙よりも寒い。

　星と星のあいだの空間はとても寒いが、太陽に近いところは（そして地球に近いところも）、実際たいへん暑い！そんなふうには思えないのはなぜかというと、宇宙では、「温度」の定義がちょっと妙なことになるからだ。宇宙が寒そうに思えるのは、宇宙はほとんど空っぽだからだ。

　温度は、粒子の集団が持つ運動エネルギーの平均がどれくらいかという尺度である。宇宙では、個々の粒子の平均運動エネルギーは高いが、粒子の数が極めて少ないので、それらの粒子は何の影響も及ぼさないのだ。

　子どものころ、うちの地下室が父の機械工作室になっていて、しょっちゅう父が金属研削機を使っているのを見ていたものだ。回転する砥石車に金属が当たるたび、火花が四方八方に飛び、父の手や服に降りかかった。なのに父が平気なのが私にはどうにも理解できなかった。なにしろ、白熱光を放つ火花は、数千度の温度があるのだから。

130　WHAT IF?　Q1

「おとうさん、火花を浴びてもどうして火傷しないの？」

「それはね、お父さんは突然変異で、傷はすぐ治るし、骨格はアダマンチウムで強化されてるんだ」

「それ、ウルヴァリンでしょ」

「いいや、間違いなく俺のことさ」

（訳注：ウルヴァリンはアメリカのマンガのスーパーヒーロー）

　その後わかったのだが、火花で父がなんともなかったのは、火花として飛んでいる粒子がとても小さいので、その粒子たちが運んでいる熱は、皮膚のごく小さな面積を暖めるだけで体に吸収されてしまうからだった。

　宇宙を飛んでいる高温の分子は、父の機械工作室の火花のようなもので、熱かろうが冷たかろうが、あまりに小さいので、人間に触れても人間の体温はほとんど変わらない。(1) 人間の体温の上昇・下降を支配する最大の要因は、その人間がどれだけの熱を発生し、その熱がどれぐらいの速さで体から虚空へと逃げていくかである。

　あなたに向かって熱を放射してくれるものが何かある暖かい環境でなければ、体から熱が放射されて出て行くばかりで、普通よりもずっと速いペースで熱は失われていく。

（1）　マッチと松明はほぼ同じぐらいの温度だが、映画でタフガイが指でつまんで消すのはマッチだけで、松明をそうやって消しているのを見かけないのはそういうわけだ。

しかしその一方で、周囲に空気がないので、空気による対流によって体表から熱が奪われることはあまりない(2)。ほとんどの有人宇宙船にとって、後者の効果のほうが重要だ。問題なのは、寒くならないようにすることではなく、涼しさをいかに保つかである。

原子力潜水艦が、外殻が海によって4℃に冷やされているときに、内部を快適に生活できる温度に維持できることは間違いない。しかし、潜水艦の船殻が宇宙空間でこの温度を保たねばならないとしたらどうだろう？ 地球の陰にいるときには、この潜水艦は約6メガワットの割合で熱を失う。これは乗組員たちが船内に放出する20キロワットの熱をはるかに上回る。直接太陽光を浴びているときには、これに加えて、太陽の暖かさを2、300キロワットの熱として受け取るが、これを加えても失う熱のほうがはるかに多い。そんなわけで、ただ寒くならないようにするだけのために原子炉を稼動しなければならないだろう(4)。

軌道から抜け出すためには、潜水艦は大気に突入できるほどに減速しなければならない。ロケット推進の可能な装備がない潜水艦には、減速の手段がない。

（2） あるいは伝導によって。
（3） 「太陽の暖かさ」は英語でapricityだが、これは私が英語のなかで唯一好きな言葉だ。「冬の日の日光の暖かさ」という意味だ。
（4） 太陽へ向かって進むとすると、潜水艦の表面は暖まるだろうが、乗組員のほうは、熱を得るよりも失うほうが速いのは変わらないはずだ。

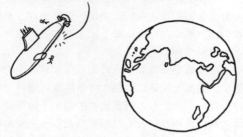

よろしい——理屈のうえでは、潜水艦には確かに、ミサイルという名のロケットエンジンが搭載されている。

残念ながら、潜水艦に搭載されているロケット式のミサイルは、潜水艦に推力を与える向きには設置されていない。ミサイルは自力で推進するので、発射しても反動はほとんどない。銃が弾丸を発射するときには、銃が弾丸をあと押しして、推進力を与えている。ミサイルの場合はただ点火するだけで、自ら飛ぶに任せているのだ。ロケットの一種

であるミサイルを発射しても、潜水艦を前に推進することはできない。

だが、ミサイルを発射しなければ、潜水艦を減速できるかもしれない。

最近の原子力潜水艦に搭載されている弾道ミサイルを発射筒から取り出し、逆向きにして、前後逆さまに発射筒に入れたなら、1発あたり秒速約4メートル、潜水艦を減速することができる。

一般的な軌道離脱マヌーバでは、秒速100メートルほどの ΔV (軌道の変更に必要な速度変化〔＝加速度〕) が必要になる。つまり、オハイオ級原子力潜水艦にトライデント・ミサイルが24発搭載されていれば、この潜水艦を軌道から外すにちょうどいいということだ。

潜水艦は、熱を逃してくれる耐熱タイルで覆われてはいないし、超音速で安定する空気力学的設計にもなっていないので、大気圏に入ると早々に姿勢制御不能になり、ばらばらになってしまうだろう。

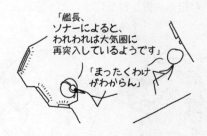

艦内にあるちょうどいい隙間に身を潜めることができて、加速カウチ (〈スター・ウォーズ〉のスペースシップに搭載されて

いる、加速度を相殺できるシート）にストラップで固定されていたなら、急激な減速を耐えて生き残る可能性がほんのわずかだが存在する。しかしそのためには、潜水艦の残骸が地面に激突する前に、パラシュートをつけて飛び出さなければなうない。

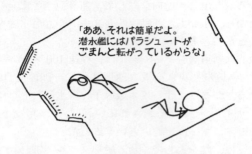

私は、本件のようなことは試さないほうがいいと思うが、もしもあなたがどうしてもやりたいなら、ものすごく重要なアドバイスをひとつしておきたい。
「ミサイルの起爆装置を無効にするのを忘れないように」というのがそのアドバイスだ。

手短に答えるコーナー

質問. もしも僕のプリンターで本当にお金が印刷できたなら、世界を揺るがすことができるでしょうか?

——デレク・オブライエン

答. 8.5インチ×11インチの、アメリカのレター・サイズの紙(日本のA4サイズに近い)1枚には、100ドル紙幣が4枚置ける。

あなたのプリンターが、フルカラー高画質両面印刷を1分間に1枚行なえるとすると、1年間では2億ドルになる。

これだけの金額があれば、あなたがすごい金持ちになるには十分だが、世界経済に何らかの影響を及ぼすには至らない。現在流通している100ドル紙幣は78億枚あり、100ドル紙幣の寿命は約90ヵ月なので、毎年約10億枚が製造されていることになる。さらにあなたが毎年200万枚の紙幣を印刷したとしても、ほとんど誰も気づかないだろう。

「ええと……
毎分400ドル……
そして、
♪1年は52万5600分♪
だから……
(ちくしょう、《RENT》を歌っちまったぜ)」

(訳注:トニー賞受賞のミュージカル《RENT》でこの数字は一躍有名になった)

質問. ハリケーンの目のなかに核爆弾を撃ち込んだらどうなりますか？ ハリケーンを作っている空気の塊なんかイチコロでは？

——ルパート・ベインブリッジ（ほかにも大勢）

答. これはしょっちゅう寄せられる質問だ。

国立ハリケーンセンターを運営するアメリカ海洋大気庁にも、同じ質問がたくさん届いている。実際、あまりに頻繁に来るので、海洋大気庁は答を公開した。

その全文を読まれるようお勧めするが、最初のパラグラフの最後の１文がすべてを語っていると私は思う。[1]

「言うまでもありませんが、これは好ましいことではありません」

というのがそれだ。

政府の機関が公的な立場で、ハリケーンに核ミサイルを撃ち込むことに関する意見を発表しているのを、私は嬉しく思う。

質問. みんなが自宅や職場の建物の雨樋に小型タービン発電機を取り付けたら、どれぐらいの電力が生み出

（1）クリス・ランドシーによる回答のある、「核爆弾を使って台風をやっつけたらいいんじゃないですか？（Why don't we try to destroy tropical cyclones by nuking them?）」という項目を探されたい。

せますか？ 発電機代のもとが取れるだけの電力が生じるでしょうか？
　　　　　　　　　　　　　　　　　　——ダミアン

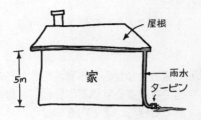

答. アラスカ・パンハンドルのように雨が多い土地にある家は、年間4メートル近くの雨に恵まれているはずだ。これだけ降水量があれば、水力タービンはかなりの効率で電力を生み出せるかもしれない。ある家の土地占有面積が1500平方フィート（約140平方メートル）で、雨樋が地上5メートルの高さから下に折れ曲がっているとすると、降水を使った平均発電量は1ワットに届かず、これによって節約できる電気料金は、最大で

$$1500 \text{ft}^2 \times 4\text{メートル/年} \times 1\text{kg}/\ell \times 9.81\text{m/s}^2$$
$$\times 5\text{メートル} \times 15\text{セント/kWh} = \$1.14/\text{年}$$

となる。

2014年時点で記録に残っている最も雨が激しかった瞬間は、1947年、ミズーリ州ホルト郡で、42分間に約30センチメートルの雨が降ったときだ。この42分間に、私たちが今想定している家は、最大800ワットの電力を生み出すことができる。これなら、家のなかにあるすべてのものの電力をまかなうことができるだろう。この42分間を除

けば、とてもそんな電力は作れないだろう。

発電機の費用が100ドルだったとすると、アメリカで最も降水量が多い地域（アラスカ州ケチカン）なら、100年以内にこの費用を回収できる可能性がある。

質問. 文字列の組み合わせのうち発音可能なものだけを使って、宇宙に存在するすべての恒星に、重複することなく、1語でできている名前をつけるとしたら、最大何文字の長さの名前ができるでしょうか？

——シェイマス・ジョンソン

答. 宇宙には約300000000000000000000000（3×10^{23}、30 00 垓）個の恒星が存在する。母音と子音を交互に並べていくことによって発音可能な単語を作るとすると（発音可能な単語を作る方法はほかにもあるが、ざっと見積もるにはこの方式でいいだろう）、この母音と子音のペアを1組加えるたびに、名前を付けられる恒星の数は105倍ずつ増える（子音21個×母音5個）。数も同じ情報密度を持っているので（数字2個あたり100の可能性）、名前の長さは最長で、恒星の総数を示す数字の長さとほぼ同じになるのではないかと推測される。

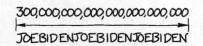

恒星たちに、Joe Biden（ジョー・バイデン、アメリカの第47代副大統領）の名前を使って名前をつける。

紙に書き下された数の長さをざっと見積もらないといけないような計算をやるのが私は好きだ（それは $\log_{10} x$ を大雑把に見積もることでもある）。たとえば Joe Biden がいくつ並べられるか数えればちょっと手っ取り早くできるが、こりゃあまっとうじゃないなという感じはする。

質問. ときどき学校に自転車で行きます。冬はすごく寒くて、自転車だとつらいです。宇宙船が大気圏に再突入するときに熱くなるのと同じ理屈で僕の肌が温まるには、どれぐらい速く自転車を漕がないといけないでしょうか？

——デイヴィッド・ナイ

答. 大気圏に再突入する宇宙船が熱くなるのは、宇宙船が自分の前にある空気を圧縮するからだ（よく言われるように、空気の摩擦で熱くなるのではない）。

あなたの体の前にある空気層の温度を摂氏目盛で20度上げる（氷点から室温まで上がるに十分な温度上昇）には、秒速200メートルで自転車を漕いでいなければならない。

海抜ゼロの高さで最も速い人力で動く乗り物は、空気力学的に設計された滑らかな流線型のシェルでカバーされたリカンベント自転車（あおむけに寝た姿勢で乗る自転車）だ。リカンベント自転車の速度の上限は、秒速40メートルに近い。これは、空気抵抗とちょうどつりあう推力を、どうにかこうにか出せる速度だ。

空気抵抗は速度の2乗に比例して増加するので、これよ

り速度を上げるのは相当難しいだろう。秒速200メートルで自転車を漕ぐのは、秒速40メートルで漕ぐのに比べて少なくとも25倍の出力が必要になる。

このようなスピードでは、空気が圧縮されることで生じる熱を気にする必要は事実上なくなる。ざっと計算してみればわかるが、体がそれだけ働いていれば、中核体温は数秒のうちに命が危うくなるほど上昇してしまうだろうから。

質問. インターネットは物理的にどれぐらいの空間を占めていますか？
——マックス・L

答. インターネット上に保存されている情報の量を見積もる方法はたくさんあるが、私たちが（ヒトという種として）これまでにどれぐらいの情報貯蔵スペースを購入したかを見るだけで、その量は高々これくらいという上限を、ちょっと面白い言い表し方で提示できる。

記憶装置産業は、年間6億5000万台近いハードディスクドライブ（HDD）を生産している。そのほとんどが3.5インチドライブだとすると、毎秒8リットルのハードディスクが生産されていることになる（HDD 1台の体積を400ミリリットルとして計算した数値）。

だとすると、この2、3年間に生産されたハードディスク（生産規模拡大により、HDDが世界の情報記憶装置の大半を占めている）の体積は、オイルタンカー1隻をちょうど満たすくらいになる。このような量り方をすると、インターネットはオイルタンカー1隻よりも小さいというこ

とになる。

質問. ブーメランにプラスチック爆薬の C4 をくくりつけたらどうでしょう？ 効果的な武器になりますか？ それとも、やっぱり馬鹿げていますか？
——チャド・マジェフスキ

答. 空気力学の話はさておき、目標を外した場合、爆薬が自分のところに戻ってくるような武器を作って、戦術的にどんなメリットがあると君が期待しているのか、不思議でならない。

雷

先に進む前に、おことわりしておきたいことがある。
「私は雷対策の権威ではありません」

私は、インターネットで絵を描いている人間だ。自分が描いたものが大うけして、アクセス数が爆発的に増えれば嬉しい。つまり、私はみなさんに良かれと思ってこのサイトをやっているわけでは必ずしもないということだ。雷対策の専門家は、アメリカ国立気象局の人たちなので、http://www.lightningsafety.noaa.gov/ にアクセスしてほしい。

よし、この件についてはこれで終わり。というわけで……

これから紹介するいくつかの質問に答えるためには、雷がどんな場所に向かって進むのかがわかっていなければならない。実は、雷の進路を推定する、うまい方法がある。この便利な方法を、最初にみなさんにお教えしてしまおう。こんな方法だ。

半径60メートルの想像上の球を、雷が発生した付近一帯で地表に転がし、この球が接触する場所を探すのだ。雷はそこに向かって進む。それではこれから、これを使って、雷にまつわる5つの質問にお答えする。

雷は近くにある一番高いものに落ちるとよく言われる。これは腹立たしいほど不正確な言い方で、いろいろ突っ込みを入れたくなる。そもそも「近く」とは、どれくらいの範囲なのか? だって、すべての雷がエベレスト山に落

---

(1) そういう目的で用いるなら、現物の球体でも可。

るわけではないでしょうが。では、雑踏のなかで一番背の高い人を見つけてそこに落ちるのだろうか？　私が知っている一番背の高い人は、ライアン・ノースだと思う[2]（ライアン・ノースは Dinosaur Comics というウェブコミックの著者で実際の身長は2メートル弱のようだ）。雷から身を守るためには彼のそばにいなければならないのだろうか？　ほかの危険が生じたりしないだろうか？　やれやれ。どうやら私は質問するよりも質問に答えることに専念すべきのようだ。

ではあらためて。雷はどうやって落ちる先を選ぶのだろうか？

落雷は、ある程度の量まとまった電荷が、枝分かれしながら雲から地面に向かって降りてくるところから始まる。これが「リーダー」（先駆放電）と呼ばれる最初の放電だ。リーダーは秒速数十キロから数百キロの速さで下に向かいながら広がっていき、数十ミリ秒のうちに、地表まであと数キロメートルのところまで進む。

リーダーが運ぶ電流はそれほど大きくない。200アンペアぐらいだ。それでも人間の命を奪うには十分だが、次に起こることに比べればたいしたことではない。リーダーが地面に接触した時点で、雲と地面のあいだで2万アンペアの大放電が起こって両者の電位は等しくなる。これが雷が落ちたときに見える、目もくらむような閃光、稲妻だ。リーダーは降りてきた経路をさかのぼっていくが、その速さは光速にかなり近いものになり、雲に戻るまでの距離を1

（2）　古生物学者の推定によれば、直立時の身長は肩までで5メートルにもなるという。

ミリ秒以内に進む。

稲妻が「落ちた」ように見える地点は、リーダーが最初に地表に接した点だ。リーダーは小さなジャンプを繰り返しながら下に向かってくる。最終的には、地面にあるプラスの電荷に向かって進むのが普通だ。だがリーダーは、次にどこに向かってジャンプするかを決めるとき、先端から2、30メートル以内にある電荷しか「感知しない」。この範囲のなかに何か地面とつながっているものがあった場合、稲妻はそこへジャンプする。そういうものがなければ、リーダーはほぼでたらめな向きにジャンプし、このプロセスを繰り返す。

ここで半径60メートルの球が登場する。この球を使って、リーダーが地面に向かって次の（最後の）ジャンプをする地点となるはずの、リーダーが最初に「感知する」点はどれかを推測するわけだ。

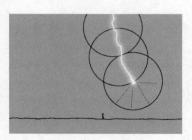

（3） これは呼び名こそ「リターンストローク（帰還雷撃）」だが、電荷は依然、下向きに流れている。しかし、放電は上向きに伝わっているように見える。これは、信号が青に変わったとき、止まっていた車列の前のほうがまず動きだし、それから後ろのほうが動きだすので、後ろ向きに動きが伝っていくように見えるのと同じ理屈だ。

雷が落ちる可能性が高い地点を見極めるために、この直径60メートルの想像上の球を付近一帯に転がす[4]。球は何に出会っても、それを通り抜けたり、つぶして巻き上げたりすることなく、木でも建物でも、その上を登っていくものとする。木のてっぺん、フェンスの支柱、コースにいるゴルファーたちなど、球面が接するところが、雷の標的になる可能性の高い地点だ。

このことから、雷の標的になる高さ h の物体の周りには、「雷の影」と呼べる領域が存在することになる。雷の影の半径は、次の式で表すことができる。

$$雷の影の半径 = \sqrt{-h(h-2r)}$$

影の範囲では、リーダーは周囲の地面にジャンプするよりも、際立って高い、高さ h の物体にジャンプする可能性が高い。

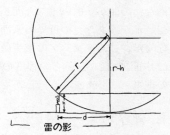

しかし、だからといって雷の影のなかにいれば安全とい

---

(4) 危険なので、現物の球体は使わないほうがいい。

うわけではない。むしろ、その逆であることのほうが多い。高い物体に落雷したあと、その電流は地面へと流れこむ。もしもあなたが近くの地面に接していたなら、電流があなたの体を流れる恐れがある。2012年にアメリカで落雷によって亡くなった28人のうち13人が木の下、または木の近くに立っていた。

これらのことをすべて頭に入れておいていただいて、次にご紹介するみなさんからいただいた質問で、雷はどこへ向かうかを見てみよう。

質問. 雷雨のときにプールのなかにいるのは、実際どれくらい危険なのでしょうか?

答. 相当危険だ。水は電気を通す。しかし、それはたいした問題ではない。最大の問題は、もしもあなたが泳いでいたとすると、あなたの頭が、広い平らな面から突き出ているということだ。だが、あなたの近くの水面に落雷した場合も、やはり危険だ。2万アンペアの電流は四方八方に広がるが(主には水面に沿って)、どの程度の距離にいたときにどの程度の電気ショックをこうむるかを計算するのは難しい。

私の推測では、半径10メートル以内のどこかにいた場合、重大な危険にあると言えると思う。海水より真水のほうが一層危険だ。というのも、電流は喜んであなたの体を近道として使うだろうから。

もしもシャワーを浴びていたときや、滝の下に立っていたときに雷に打たれたとしたらどうなるだろう？

水しぶきのせいで危険な目に遭うことはない。水しぶきとは、空中に水滴がたくさん飛んでいるだけのものだ。ほんとうに怖いのは、足の下にあるバスタブと、バスタブに張られ、水道管と接触している水だ。

質問. 船や飛行機に乗っているときに、その乗り物に雷が落ちたらどうなりますか？ 潜水艦に乗っていた場合はどうですか？

答. 船室のない小船はゴルフコースと同じくらい危ない。船室と避雷設備のある船は自動車と同じくらい安全だ。潜水艦は、海底金庫（潜水艦内の金庫とは違うので注意。潜水艦内の金庫は、海底金庫よりもはるかに安全だ）と同じくらいの安全度だ。

〈プープデック〉号

(訳注:s. s. Poopdeck、文字通りには蒸気船〈船尾楼〉号という意味の船名が読めるが、ポパイの父親プープデック・パピーにひっかけた名と思われる)

質問. ラジオ塔のてっぺんで電球を交換しているときに雷に打たれたらどうなりますか? バク転をしているときだったらどうでしょうか? そして、グラファイトの広っぱにいるときはどうでしょう? あと、稲妻をまっすぐ見上げているときならどうなりますか?

答.

質問. 空中を飛んでいる弾丸に雷が落ちたらどうなりますか?

答. 弾丸が雷の進路に影響を及ぼすことはないだろう。飛行中の弾丸に落雷するためには、雷のリーダーが地面に接触し、地面から同じ経路を通って雷雲に戻るリターンストロークと呼ばれる逆向きの電流が起こったときに、稲妻の中心軸に弾丸が入るようにタイミングをはかって発砲する必要がある。

稲妻の芯は直径2、3センチメートルだ。AK-47から発射された弾丸は長さ約26ミリで1ミリ秒に約700ミリメートルの速度で飛ぶ。

弾丸は鉛の芯が銅で被覆されたものだ。銅は電気をきわめてよく通す優れた伝導体で、雷の2万アンペアの大部分は弾丸を近道に使ってうまく通過するだろう。

驚くべきことに、弾丸はこの状況をたいへんうまく切り抜ける。じっと静止していたなら、雷の電流で即座に高温になり、金属が溶けてしまうだろう。しかしこの質問のシナリオでは猛スピードで飛んでいるわけだから、2、3度以上温度が上昇する前に電気の流れから抜け出してしまうだろう。弾丸はそれほど影響を受けずに元々標的だったものまで飛んでいくだろう。稲妻の周辺の磁場と弾丸に流れる電流とによって興味深い電磁力が生じるだろうが、私が確かめた範囲では、全体としてのシナリオを大きく変えるようなものはなかった。

質問. 雷雨の最中にパソコンの BIOS をフラッシュして更新していて、そこに雷が落ちたらどうなりますか?

答.

〈ホワット・イフ?〉のウェブサイトに寄せられた変な（そしてちょっとコワイ）質問　その4

質問. 火山の噴火を、地中に爆弾（サーモバリック爆弾〔燃料気化爆弾とも呼ばれる。常温で気体の燃料に高圧をかけて液化したものを急激に気化させることで大きな破壊力を実現するもの〕または核爆弾）を仕掛けることで止めることはできますか？

——トマーシュ・グルシュカ

質問. 僕の友だちは、宇宙にも音があると思い込んでいます。宇宙には音はありませんよね？

——アーロン・スミス

── 人間コンピュータ ──

質問. 世界のすべての人間が、今やっていることを全部やめて、計算をやりはじめたとしたら、どのくらいの計算能力が達成できますか? それは現在のコンピュータやスマホの性能と比べてどの程度のものですか?

──マテウシュ・クノルプス

答.

ひとつ、人間とコンピュータはまったく違った方法で考えるので、この2つを比較するのは、リンゴとオレンジを比較するようなものだという問題がある。

しかし、リンゴのほうがオレンジよりいいというのも事実だ。なので、人間とコンピュータに同じタスクをさせて、直接比較してみよう。

日にヨに難しくなっているとはいえ、1人の人間が世界のどのコンピュータよりも速くできるタスクを作り出すのは難しいことではない。たとえば、あるシーンを描いた絵

---

(1) ただし、レッド・デリシャス種を除く。この誤解を招く名前は詐欺だ。

を見て、何が起こったところが描かれているかを当てるという仕事は、今もまだ人間のほうがはるかに得意だと思われる。

　この仮説を検証するため、私は上の絵を母に送り、何が起こったところが描かれていると思うかと尋ねてみた。母は少しも迷うことなくすぐにこう答えた。「子どもが花瓶をひっくり返したのを、猫がチェックしてるのよ」[2]

　母は賢明にも、それ以外の解釈は否定した。たとえばこんなものだ。
・猫が花瓶をひっくり返した。
・猫が花瓶のなかから子ども目掛けて飛び出した。
・猫に追いかけられた子どもが逃げようとしてロープを使って棚に登ろうとした。
・家のなかに野良猫がいたので、誰かが花瓶を投げつけた。
・猫は花瓶のなかでミイラ化していたが、子どもが魔法

（2）　私が小さかったころ、うちには花瓶がたくさんあった。

のロープで触れたところ、蘇った。
- 割れた花瓶をつなげておくために巻かれていたロープが切れてしまい、猫はばらばらになった花瓶を元通りつなぎ合わせようとしている。
- 花瓶が爆発し、子どもと猫が様子を見に来た。子どもは、また爆発が起こったときに身を守るため帽子をかぶっている。
- 子どもと猫が蛇を捕まえようと走り回っていた。ついに子どもが蛇を捕まえて、蛇の体を結んだ。

うちのにかぎらず、どこの親にやらせても正しい答がすぐにわかるのに、そんな芸当ができるコンピュータは世界に存在しない。だがそれは、コンピュータがこの類のことを解き明かすようにはプログラムされていないのに対し、人間の脳は数百万年の進化の過程で鍛えられて、自分の周囲に存在するほかの脳が何をどんな理由でやっているのか、見抜くのが得意になったからだ。

というわけで、人間に有利なタスクを選ぶことはたやすいが、それでは面白くない。コンピュータは、人間がコンピュータをプログラムする能力によって制約を受けているので、そもそも人間のほうが有利なのだ。

逆に、コンピュータが得意な領域で、人間がどれだけやれるか見てみよう。

---

(3) 今のところまだ、という意味。

マイクロチップの複雑さ

　新たにタスクを考案するのではなく、われわれがコンピュータにやらせるベンチマーク・テスト（さまざまな種類のコンピュータを比較するために使う、異なるシステム上で動作することのできるテストプログラム）を人間にやらせてみよう。ベンチマーク・テストは、浮動小数点演算、数の保存と読み出し、文字列の操作、基本的な論理計算などからなる。

　コンピュータ科学の専門家、ハンス・モラベックによれば、コンピュータ・チップのベンチマーク・テストを、紙と鉛筆を使った手計算でやっている人間は、1分半ごとにひとつの命令を実行することができるという。[4]

　このことからすると、標準的な携帯電話のプロセッサは、世界のすべての人間が力を合わせてやるより約70倍も速く計算ができることになる。新しい高性能デスクトップPCのチップだと、差は1500倍まで開くかもしれない。

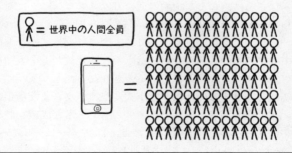

（4）この数値は、ハンス・モラベックの著書、『シェーキーの子どもたち——人間の知性を超えるロボット誕生はあるのか』に掲載のリストから引用した（http://www.frc.ri.cmu.edu/users/hpm/book97/ch3/processor.list.txt）。

では、1台の平均的なデスクトップ・コンピュータの能力が、世界中の人間を合わせた処理能力を上回ったのは、西暦何年のことだったのだろう？

その答は、1994 年だ。

1992 年、世界の人口は 55 億人だった。つまり、私たちが今使っているベンチマーク・テストによって、この年の世界のすべての人間を合わせた計算能力を評価すると、約 65MIPS（million instructions per second の略で、1 秒間に処理できる命令の数を 100 万個単位で示したもの）だったわけだ。

この年、インテルは 486DX を発表した。まもなく広く普及したこのマイクロプロセッサは、デフォルト設定で約 55 または 60MIPS の能力を達成した。1994 年には、インテルが新たに発表したペンティアムが 70 台、80 台の MIPS を達成し、新記録を樹立して、人間を大きく引き離した。

みなさんは、こんな議論の進め方はコンピュータに対してちょっと不公平なんじゃないかとおっしゃるかもしれない。ここまでの話は、要するに、1台のコンピュータと世界中のすべての人間を合わせたものとの比較だ。全人類をすべてのコンピュータと比べるとどうなるだろう？

これを計算するのはなかなか大変だ。さまざまな種類のコンピュータがベンチマーク・テストでどんな成績を収めたかはすぐに調べがつくが、たとえばファービー（アメリカのタイガー・エレクトロニクス社が 1998 年に電子ペットとして発表した玩具で、当時大流行した）に使われているチップの MIPS などは、どうやって測ればいいのだろう？

世界のトランジスタの大部分は、この手のテストを実行

できるようには設計されていないマイクロチップのなかに組み込まれている。今私たちは、すべての人間がベンチマーク・テストの計算を実行できるように変更されている（つまり、そのように訓練されている）と仮定しているのだか

「0.138338129の平方根は0.37193834だよ！」

ら、同じように、すべてのコンピュータ・チップを、ベンチマーク・テストが受けられるように変更すべきだ。だが、それにはどれだけの労力が必要になるのだろう？

　この問題を避けるために、トランジスタの数を数えることによって、世界中の計算装置を全部あわせた計算能力を見積もることにしよう。調べてみると、1980年代のプロセッサと現在のプロセッサは、「トランジスタの数」とMIPSとの比がほぼ同じだということがわかる。その比は、プラスマイナス1桁の誤差の範囲内で、「毎秒命令1つごとにトランジスタ30個」である。

　ムーアの法則で有名なゴードン・ムーアが書いたある論文に、1950年代以降の年間トランジスタ生産総数のグラフが載っている。それはだいたいこんなグラフだ。

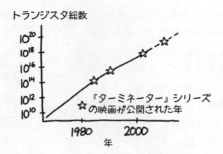

さきほど得られたトランジスタ数と MIPS の比を使えば、トランジスタの数をコンピュータの計算能力の総量に変換することができる。この方法を使うと、最近のごく一般的なラップトップ・パソコンは、ベンチマーク・スコアが数万 MIPS あるので、1965 年に世界に存在したすべてのコンピュータの総計算能力を超えた計算能力を持っていることがわかる。このような基準で見ると、すべてのコンピュータの能力を総合したものが、人間の計算能力を総合したものを追い越したのは **1977 年**であった。

ニューロンの複雑さ

最初に言ったとおり、人間に鉛筆と紙で CPU 用のベンチマーク・テストをやらせるなど、人間の計算能力を測る方法としてはとんでもなくばかばかしい。複雑さで測れば、人間の脳はどんなスーパーコンピュータよりも高度だ。そうだよね?

そうだよ。だいたいのところは。

スーパーコンピュータを使って、一つひとつのシナプス

のレベルまで、脳を完全にシミュレートしようというプロジェクトがいくつも実施されている。このようなシミュレーションを行なうのに必要なプロセッサの数と、それにかかる時間とを見れば、人間の脳の複雑さと対等にするために必要なトランジスタの数を特定できるはずだ。

2013年に日本のスーパーコンピュータ京が実行した計算の実績データから、ひとりの人間の脳と釣り合うには、10^{15}個のトランジスタが必要だと見積もることができる。これを基準に使うと、世界中の論理回路を合わせれば1個の脳に匹敵するという状況に到達したのは、1988年になってからだということがわかる。そして、世界のすべての回路を合わせた複雑さは、現在もなお、すべての人間の脳を合わせた複雑さの足元にも及ばない。今やったシミュレーションの数字を使うと、ムーアの法則に基づく予測では、コンピュータは**2036年**になるまで人類を追い越すことはないということになる。

（5） だが、これらのプロジェクトでも、脳で起こっているすべてのことを把握できるわけではないだろう。生物学は一筋縄ではいかない。
（6） 7億5000万個のトランジスタが組み込まれたプロセッサを8万2944個使い、京は40分間で1個の脳が1秒間に行なう活動をシミュレートした。ただし、シミュレートした脳のシナプスの結合の数は、実際の人間の脳のたった1パーセントだった。
（7） あなたがこれをお読みになっているのが2036年よりもあとのことだったなら、こうご挨拶させていただきたい。「遠い昔からこんにちは！　未来は現在よりもよくなっていますように。追伸。私たちを迎えにくる方法を見つけてください」

この議論がばかげている理由

今行なった2つの方法で脳の性能テストをやってみると、両極端の結果になる。

1つめの、プロセッサ用ドライストーン・ベンチマークを鉛筆と紙で人間にやらせる方法は、**人間に手計算でコンピュータ・チップ上の個々のオペレーションを真似させる**もので、その結果人間の能力は約0.01MIPSと評価された。

もう1つの、スーパーコンピュータによってニューロンを真似させるプロジェクトは、**コンピュータに人間の脳で信号を発している個々のニューロンをシミュレートさせる**もので、その結果人間の能力は約50000000000MIPSに匹敵すると評価された。

「ちょっと待って。この最後のところ全部、大雑把すぎるじゃない」

この2つの評価法を合わせれば、少しはましかもしれない。この折衷案は、妙ではあるが、理屈には合っている。われわれが作ったコンピュータ・プログラムが、人間の脳の活動をシミュレートする際の効率が、人間の脳がコンピュータ・チップの活動をシミュレートするのと同じぐらい悪いと仮定するなら、この2つの数値の幾何平均を取れば、もっと公平な評価になることだろう。

この折衷法で得られた数値から、人間の脳の処理能力は、約30000MIPSと判断される。これなら、ちょうど、私が今この文章を打ち込んでいるコンピュータと同じくらいだ。また、この折衷法では、地球のデジタル・コンピュータの複雑さは、2004年にすでに人間の神経系の複雑さを追い越したことになる。

アリ

　ゴードン・ムーアは、『40歳になったムーアの法則』という小論のなかで、興味深い所見を述べている。生物学者のE・O・ウィルソンによれば、世界には10^{15}から10^{16}匹のアリがいる。これに比べて、2014年現在、世界には約10^{20}個のトランジスタがある。つまり、アリ1匹につき数万個のトランジスタがあるわけだ。[(8)]

　アリの脳には25万本ほどのニューロンがあり、ニューロン1本ごとに数千個のシナプスがあると推測される。だとすると、世界のアリの脳をすべて集めたら、世界中の人間の脳と同じくらいの複雑さになるはずだ。

　このことから、コンピュータがいつ人間の複雑さに追いつくかなど、それほど心配する必要はないことがわかる。なにしろ、われわれはアリの複雑さに追いついたのに、アリはまったく意に介していないようなのだから。たしかに今、人間が地球を征服したかのように見えるが、霊長類、コンピュータ、アリのなかで、100万年後の地球にまだ存在しているものはどれかという賭けに参加しなければならないとしたら、どれに賭けるか、私には迷いはない。

（8）　「TPA」とは実は、この transistors per ant から取ったもの。

王子さまの星

質問. もしも、ものすごく小さいけれど、めちゃめちゃ重い小惑星があったら、ほんとうに星の王子さまのように、そこに住めるのでしょうか？

——サマンサ・ハーパー

「君、僕のバラ食べなかった？」
「そうだったかも」

答.

アントワーヌ・ド・サン＝テグジュペリの『星の王子さま』は、遠い小惑星からやってきた少年の物語だ。読みやすくて、悲しく心に突き刺さる物語で、強く印象に残る。[1]

（1） ただし、誰もがそう考えるわけではない。マロリー・オートバーグは〈ザ・トースト〉というブログ（the-toast.net）で、「飛行機事故の生存者に絵を描けとせがんだくせに、描き方について文句を付けている金持ちの坊ちゃんの物語」というバージョンの『星の王子さま』の話を発表している。

表向きは子ども向けの本だが、ほんとうはどんな読者を対象に書かれたのか、判断のつきかねる作品だ。いずれにせよ、この本は間違いなくある種の読者を獲得し、史上最大のベストセラーのひとつになっている。

『星の王子さま』が書かれたのは1942年だ。この年に小惑星のことを書いた人がいたというのは面白い。というのも、1942年には小惑星が実際にどんな形をしているかなどまったくわからなかったからだ。当時最高の望遠鏡を使っても、最大の小惑星がやっとこさ光の点として見えるだけだった。じつのところ、英語で小惑星を意味する「アステロイド」という言葉は、「恒星のようなもの」というギリシア語から作られたのだが、それは、まるで恒星のような小さな光の点に見えることに由来していた。

小惑星がどんな形をしているかが初めて確認されたのは1971年、マリナー9号が火星に到着した際に、火星の衛星、フォボスとダイモスの写真を撮影したときのことだ。フォボスとダイモスは、元々小惑星だったものが火星の引力に捉えられ、その周囲を回転する衛星となったのだと考えられるが、これらの形がもとになって、「クレーターだらけのジャガイモ」という今の小惑星のイメージができたのだ。

**マリナー9号が撮影した
フォボスの画像**

　SFでは、1970年代になるまでは、小さな小惑星は丸くて惑星のようなものとほぼ決まっていた。
『星の王子さま』はこれをもう一歩押し進めて、ひとつの小惑星を、重力と大気と1輪のバラがある小さな惑星として描いたのだ。これが科学的にどうかという批判をここでしても仕方がない。なぜなら、（1）『星の王子さま』は小惑星がメインテーマの物語ではないし、（2）大人が何でも言葉通りに見てしまうことの愚かさを突く文章が冒頭にあるので。
『星の王子さま』を科学的に見て、おかしなところをあげつらい、せっかくの物語を台無しにするよりも、科学を使えばどんな摩訶不思議な場面をこの物語に新たに加えられるかを見ていこう。小惑星の表面に立って歩くには、それだけの強い重力が必要で、そのためにはその小惑星は超高密度でむちゃくちゃ重くなければならない。ほんとうにそんな小惑星があったなら、それはびっくりするような特徴をいろいろと持っているはずだ。
　その小惑星が半径1.75メートルだったとすると、表面での重力が地球と同じぐらいになるためには、質量は約5億トンでなければならない。地球上に存在するすべての人

間を足し合わせた質量とほぼ同じだ。

さて、この小惑星の表面にあなたが立ったとしよう。あなたは潮汐力を感じるはずだ。足のほうが頭より重くなって、少し縦方向に引き伸ばされるような感じがするだろう。ぐにゃっと曲げられたゴムボールの上に手足を伸ばした格好で 磔(はりつけ) にされたような、あるいは、頭を回転軸のほうに向けた状態で横になってメリーゴーラウンドに乗っているような感覚だ。

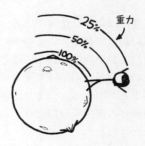

表面での脱出速度は秒速約5メートルだ。全力疾走よりは遅いが、それでも結構な速さだ。大雑把に言って、この小惑星上でバスケットボールをダンクシュートできなければ、ジャンプしてこの小惑星から脱出するのは無理だろう。

しかし、脱出速度には奇妙な性質がある。それは、その物体がどの方向に向かって進んでいるのかにはまったく関係ないということだ。脱出速度を超える速さで動くなら、あなたが実際にこの小惑星に向かって進むのでないかぎり、あなたは脱出することができる。つまり、水平に走って、次の図のような傾斜台の端で飛び出せば、この小惑星から脱出できるというわけだ。

---

(2) ……したがって、ほんとうは、「脱出速さ」と呼ぶべきだ（つまり、向きはないのが「速さ」で、向きがあるのが「速度」なので）。向きはどちらでもよいことが、ここでは思いがけず重要になる。

このとき、脱出できるほどの速さで走れていなければ、小惑星の周囲を回転する軌道に入ることになる。軌道速度は秒速約3メートルで、ジョギングぐらいの速さだ。

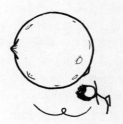

だがこの軌道は、ちょっと変わっている。

それは、潮汐力がいくつかのかたちで影響を及ぼすからだ。あなたが腕を小惑星に向かって下へ伸ばすと、その腕は、体のほかの部分よりも強く引かれる。そして、片手が小惑星の表面に届くと、体のほかの部分は上に押し上げられ、より弱い重力しか感じなくなる。要するに、体のあらゆる部分が、別々の軌道を進もうとするわけだ。

このような潮汐力のもとで軌道上を周回している大きな物体（たとえば衛星）は、いくつかの輪に分裂する傾向がある[3]。あなたはそんな目には遭わないだろうが、あなたの軌道はカオス的で不安定になるだろう。

このようなタイプの軌道は、ラドゥ・D・ルゲスクとダニエル・モルタリがある論文のなかで検討している。彼ら

---

[3] ソニック・ザ・ヘッジホッグもこのような目に遭ったと思われる。

のシミュレーションによれば、複数の大きくて細長い物体は、小惑星などの中心天体の周りを奇妙な経路に沿って巡る。それら細長い物体の重心も、普通の楕円軌道は進まない。五角形の軌道を進むものもあれば、カオス的に宙返りして、小惑星に墜落するものもある。

このような解析は、実際に応用できる可能性がある。ここ数年、ぐるぐる回転するテザー（長く強靭なひも）を、固定させずにふわふわ浮かばせた宇宙エレベータとして使い、重力井戸（天体が周辺に作る重力場の形を井戸にたとえている。中心にある天体が井戸の底にあるというイメージ）から貨物を出し入れする方法が検討されている。このようなテザーがあれば、月面とのあいだで貨物を輸送したり、地球の大気圏の端から宇宙船を回収したりできるかもしれない。テザーの軌道の多くは本質的に不安定なので、今のところこのようなプロジェクトの実現は難しい。

ところで、私たちが思い描いている超高密度小惑星の住人たちには、気をつけないといけないことがある。あまり速く走りすぎると、小惑星周回軌道に入ってしまう重大な危険がある。そんなことになれば、宙返りして飛んでいってしまい、お昼ご飯を食べ損ねてしまう。

さいわい、垂直なジャンプは大丈夫だ。

王子さまの星 169

星の王子さまがNBAのマイアミ・ヒートと契約してしまったので、クリーブランド地区のフランス児童文学愛好家たちはがっかりした。

ステーキを空から落として焼く

質問. ステーキを高いところから落として、地上に到達したときにちょうど食べごろに焼けているようにするには、どれぐらいの高さから落としたらいいですか?

——アレックス・レイヒ

答. 君がステーキはいつもピッツバーグ・レアで、つまり、外は焦げているが中は生焼けで食べるのが好きだといいんだが。あと、落ちたステーキを拾ったら、解凍しないといけないけどね。

宇宙から戻ってくる物体は猛烈に熱くなる。物体が大気圏に突入するとき、あまりに高速になっているので、空気はその物体をよけるだけの時間がない。このため、落ちてくる物体の前でどんどん空気が圧縮されていく。そして、圧縮された空気は熱くなる。大雑把に言うと、だいたいマッハ2を超える速度になると、空気の圧縮による加熱を感じるようになる(コンコルドの翼の前縁に断熱材が使われているのもこのためだ)。

スカイダイバーのフェリックス・バウムガルトナーは、39キロメートルの高さからダイビングしたとき、高度30キロ付近でマッハ1に達した。これだけの速度があれば、空気の温度を2、3度上げるに十分だが、高度30キロぐらいまではずっと、気温は氷点よりはるかに低いので、温度が2、3度上がっても大した違いはない(彼が飛び降りてまもなく、気温が約マイナス40度になったときがあっ

たはずだ。このマイナス40度は、華氏なのか摂氏なのかを別に言わなくてもいい、不思議な温度。どちらの目盛でもマイナス40度なのだ)。

私が知る限りでは、このステーキを落として焼くことにまつわる質問が最初に登場したのは、英語圏を対象とした画像掲示板、4chanに立てられた、ある長大なスレッドのなかだった。残念ながら、そこでの議論は十分な知識に基づかない長々とした物理論争に陥ったうえに、同性愛者への差別的コメントも混じりはじめ、瞬く間に崩壊してしまった。明確な結論は一切出なかった。

それよりは少しましな答を提供するため私は、いろいろな高さからステーキを落とすとどうなるか、一連のシミュレーションをやってみることにした。

8オンス(約227グラム)のステーキは、大きさも形もちょうどホッケーで打ちあうパックと同じぐらいだ。そこで、ステーキの抵抗係数の値は、『ホッケーの物理』(未訳)という本の74ページにある数字を使うことにした(この本の著者、アラン・アッシェは実際に測定機器を使い、自らこれらの係数を算出した)。ステーキはホッケーのパックとは違うが、正確な抵抗係数を使っても結果は大して変わらないことがわかった。

この手の質問に答える際、極端な物理的状況にある妙な物体についての解析が必要になることが多い。こういう解析に近い研究を探すとなると往々にして、冷戦時代の米軍の研究を参照するほかなくなる(当時米国政府は、大金をかき集めては、ほんの少しでも武器研究に関係がありそうなことなら何にでも投じていたようだ)。落下するステー

キが空気によってどのように熱せられるかを知るため私は、ICBM（大陸間弾道ミサイル）が大気圏に再突入する際のノーズコーン（ミサイルなどの先端に取り付けて空気抵抗を減らす構造部）の温度上昇に関する論文を調べた。『戦術的ミサイル先端部の空力加熱の予測』と『再突入する機体の温度変化についての計算』という2つの論文がとりわけ役に立った。

最後にもうひとつ必要だったのが、熱はどれぐらいの速さでステーキ全体に伝わるかを正確に知ることだった。まずは食品加工業界で、肉のなかを熱がどのように伝わるかを肉の種類ごとにシミュレートした論文がないか探す。そのうちに気づいた。さまざまな肉質のステーキを効率よく加熱するに必要な時間と温度の組み合わせを知るもっと簡単な方法があるじゃないか。料理本を見ればいい。

ジェフ・ポッターの『Cooking for Geeks ——料理の科学と実践レシピ』は、肉料理の科学を楽しく手ほどきしてくれる素晴らしい本で、どの範囲の温度がどんな影響をステーキに及ぼすか、そしてそれはなぜかを説明している。クックス・イラストレーテッド・マガジン社の『おいしい料理の科学』（未訳）もとても役に立った。

これらの情報をすべてあわせると、急速に加速しながら落ちるステーキが高度30から50キロメートルに達すると、空気の密度が高くなって落ちるステーキを押し返し、加速を抑え減速させはじめることがわかった。

空気の密度があがるにつれ、ステーキの落下速度はどんどん遅くなる。大気の下層部に達したときにどれだけの速さだったかにかかわらず、ステーキは急激に減速して終端速度になる。どの高さから落下しはじめたかには関係なく、

高度25キロメートルの高さから地面に落ちるまで6、7分かかる。

 この25キロの大部分で、気温は氷点下だ。したがってステーキには6、7分にわたり、氷点下の冷たさのハリケーンなみの強風が容赦なく吹きつける。たとえそれまでの落下で加熱されていたとしても、地面に落下したときには、ステーキは解凍してやらなければならないだろう。

 ついに地面に落下するとき、ステーキは秒速約30メートルの終端速度で運動しているだろう。これが何を意味するか理解するために、メジャーリーグのピッチャーがステーキを地面に投げつけるところを想像しよう。少しでも凍っていたら、ステーキはあっけなく割れて粉々になってしまうだろう。しかし、水、ぬかるみ、草むらなどに落ちれば、おそらく割れはしない。[1]

 39キロメートルの高度から落とされたステーキは、フェリックスの場合とは違って、音速の壁を破りはしないだろう。それに、それとわかるほどには加熱されないだろう。これは筋が通っている。なにしろ、フェリックスが飛び降りたときに着ていたスカイダイビング用スーツも、着地したときまったく焦げていなかったのだから。

（1） 木っ端微塵にはならないだろうということ。食べておいしい状態になるというわけではない。

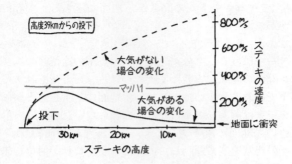

 ステーキも、もしも音速の壁を破ったとしても、おそらく持ちこたえるだろう。フェリックスと同行したパイロットたちも超音速に達する高度で飛行機を脱出し、ちゃんと生還して状況報告したのだから。

 音速の壁を破るためには、約50キロメートルの高度からステーキを落とさなければならない。しかし、これでもステーキを焼くところまでは行かない。

 もっと高くのぼらないといけない。

 高度70キロメートルから落とした場合、ステーキは十分なスピードに達し、短時間のあいだ180℃弱の空気を吹き付けられる。残念ながら、それはせいぜい1分ほどしか続かない。少しでも台所に立ったことのある人なら誰でもわかるように、180℃のオーブンに60秒間入れても、ステーキを焼くことはできない。

 正式に宇宙空間との境目とされている高度100キロメートルから落としても、事態はさほど好転しない。ステーキはマッハ2を超える速度を1分半維持し、表面には焦げ目

がつくかもしれないが、生じた熱は成層圏の冷たい打つような風で瞬時に吹き飛ばされてしまい、ステーキは焼けるに至らない。

超音速と極超音速のスピードでは、ステーキの周囲に衝撃波が生じ、これによってステーキはどんどん速まる風から保護される。この衝撃波面が具体的にどのような性質を持っているのか、そして、それを元にステーキにはどれぐらいの機械的応力がかかると推論できるのか、具体的なところは、未調理の8オンスのヒレ肉が極超音速のスピードでどのような回転をするかに左右される。文献を探してみたが、この点に関する研究は見つからなかった。

このシミュレーションのため、速度が低い場合は何らかの渦が生じてステーキが回転するが、極超音速ではステーキはつぶされて、準安定な回転楕円体になると仮定した。しかし、これは当てずっぽうみたいなものだ。この点について、もっといいデータを取ろうとして極超音速風洞にステーキを入れた人がいたら、ぜひとも私にその動画を送っていただきたい。

高度250キロメートルからステーキを落とすとすると、話は面白くなってくる。ステーキが温まりはじめるのだ。高度250キロとなると、人工衛星などが周回する最も低い軌道、低地球軌道の高さに近づく。しかし、静止状態から落とされたステーキは、低地球軌道から大気圏に再突入してくる物体ほどのスピードには至らない。

このシナリオでステーキが到達する最高速度はマッハ6で、外側にはおいしそうな焦げ目が付くかもしれない。残念ながら内部はまだ全然火は通っていない。極超音速でぐ

るぐる回転させられて爆発し、木っ端微塵になっていなければ、の話だが。

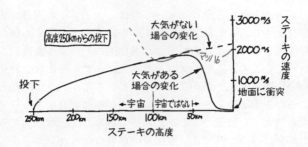

これより高いところから落とす場合、ほんとうにかなりの熱が生じるようになる。ステーキ前方の衝撃波は数千度（華氏でも摂氏でも。どちらの単位でも同じこと）に達する。熱がこのレベルになったらなったで、また問題が生じる。表面は完全に焼き尽くされ、炭素の塊同然になってしまうのだ。つまり、真っ黒焦げになってしまうわけだ。

肉を火のなかに落とせば、真っ黒焦げになるのは当然の結末だ。極超音速で肉が焦げることの問題は、焦げた層は構造的に脆いので、風に吹き飛ばされてしまい、続いて、下から現れた新しい層がまた真っ黒焦げになってしまうという点にある（熱が十分高ければ、高熱により表面層が瞬間調理され、剝離して吹き飛ぶ。ICBM関連論文では一般に「融除層アブレーション・ゾーン」と呼ばれるものに当たる層だ）。

これほどの高さから落としても、ステーキが高温にさらされる時間はまだ不十分で、とても中まで火はとおらない。

スピードをどんどんあげたり、地球周回軌道から斜めに落としたりして、高温を通過する時間をかせぐこともできるが。

ところが、温度が十分高くなったり、加熱時間が十分長くなったりすると、今度はステーキが徐々にばらばらになっていく。というのも、外側の層が焼け焦げになって強風で吹き飛ばされるというプロセスが繰り返されるからだ。仮にステーキの大部分が地面にたどり着いたとしても、内側はまだ生だろう。

このため、ステーキはピッツバーグの上空で落とさなければならない。

出所不明で、どうも眉唾らしい話なのだが、ピッツバーグの製鉄工たちは、炉から出てくる赤々とした鉄の塊の表面にステーキをたたきつけて焼き、外側を焦がし、内側を生焼けのまま食べるという。これが「ピッツバーグ・レア」の由来のようだ。

というわけで、ステーキを準軌道（周回軌道に達しない、弧を描く軌道）上のロケットから落とし、回収チームに追いかけさせ、回収後ブラシで表面層を落とし、温めなおし、ひどく焦げた部分を切り落としてください。さあ召し上がれ。

ただし、サルモネラ菌にはご注意。「アンドロメダ病原体」にもね。

（2） みなさんの中に、ステーキがバンアレン帯に十分な時間とどまれば放射線で除菌されるのではないかと考えている人がいると思うが、そんなことにはならない。

ホッケーのパック

質問. アイスホッケーでゴーリー（ゴールを敵の攻撃から守るポジション）もろともパックをゴールにぶち込むようなショットを決めるには、どれぐらい強くパックを打たなければなりませんか？
　　　　　　　　　　　　　　　　　　　　　——トム

答.

そんなショットはありえない。

パックを強く打てばいいだけの話ではないのだ。人間がスティックでパックを打つ場合、秒速約50メートルよりも速くパックを飛ばすことはできないが、本書では、そのような制約は気にしない。ホッケー・ロボットでも電気仕掛けの機械でも、極超音速ライトガスガン（物理実験で高速の飛翔体を打ち出すための装置）でも、何でも速く飛ばせそうなものがパックを飛ばすと仮定すればいいのだ。

問題は、要するに、ホッケー選手は重く、パックは軽いことにある。装具をすべて着用した状態のゴールテンダー（ゴーリー）はパックの約600倍重い。最強のスラップ・ショットで飛ばしたパックさえ、スケートで時速1キロ強の速さでまっすぐすべっている10歳の子どもよりも小さな運動量しかない。

おまけにホッケー選手たちは、氷の上でしっかり体を支えることができる。全速力で氷上をスケートですべっている選手は、急ブレーキをかけて2、3メートル以内に停止できるが、これは、氷に相当大きな力をかけることができる証拠だ（このことは、こうも言い換えられる。ホッケー

リンクをゆっくり傾けていったなら、選手全員が滑ってリンクの一端に集まってしまうには50度まで傾斜させなければならない。ただし、これを確認するために実験が必要なことは言うまでもない)。

ホッケーの録画から衝突速度を推測し、また、あるホッケー選手に助言してもらって、ゴールテンダーを吹っ飛ばして背後のゴールにぶち込むには、165グラムのパックはマッハ2から8の速度で運動していなければならないという推定値を私は導き出した。ゴールテンダーが衝撃を予期して踏ん張っている場合はもっと速くなければならない。一方、パックが上向きの角度で当たるなら、もっと遅くてもいい。

物体をマッハ8の速さで発射すること自体は、それほど難しいことではない。その最善の方法のひとつが、先にも触れた極超音速ガスガンを使うことだ。すごそうな名前の銃だが、根本的にはBB弾を撃つためのBB銃と同じメカニズムなのだ。[1]

しかし、マッハ8でホッケー・パックが飛ぶとなると、いろいろと問題が出てくる。まず、パックの前にある空気が圧縮され、急激に熱せられる。空気をイオン化させて隕石のような輝く尾ができるほどのスピードは出ないだろうが、パックの表面は溶けたり焦げたりするだろう(十分長く飛ぶとして)。

しかし、空気抵抗によってパックは急激に減速してしま

---

(1) 極超音速ライトガスガンは、空気の代わりに水素を使う。これで目を撃ったら、文字通り目が飛び出るほど痛いので、絶対にしないように。

う。したがって、打たれた直後にマッハ8で飛んでいたパックは、ゴール付近ではその何分の1か、とにかくかなり遅いスピードになっているだろう。たとえマッハ8でゴールに届いたとしても、ゴーリーの体を突き抜けたりはおそらくしない。それどころか、衝突で大きな爆竹もしくは小型ダイナマイトに匹敵する衝撃力がかかり、爆発して粉々になるだろう。

　みなさんが私と似たりよったりの想像力の持ち主なら、この質問を読んだ瞬間、マンガでよく出てくる状況を思い浮かべたかもしれない。ゴーリーにホッケー・パックと同じ形の穴があいて、パックはそのまま飛んでいってしまう、という図を。だがそんな想像をしてしまうのは、物質が超高速度でどのように振舞うかに関するわれわれの直感が、まったくあてにならないからにすぎないのだ。

　別の、こんな場面のほうがより真実に近いかもしれない。熟したトマトをケーキに向かって、力いっぱい投げ付けたらどうなるか、という図だ。

真実なんてそんなものですよ。

風邪

質問. 地球にいるすべての人が2、3週間のあいだ、一人ひとり離ればなれになって絶対会わないようにしたら、風邪なんて根絶されてしまうんじゃありませんか？

———サラ・エワート

答.

そんなことをやってみる価値があるだろうか？

風邪はさまざまなウイルス[(1)]によって引き起こされるが、一番多いのはライノウイルスによるものだ。[(2)]風邪のウイルスは、あなたの鼻や喉の細胞を乗っ取って、自分と同じウイルスをどんどん作り出す（「増殖」する）ために利用する。2、3日すると、あなたの免疫系が乗っ取りに気づき、ウイルスや乗っ取られた細胞を破壊するが[(3)]、それまでには平均で

---

(1) 英語のウイルス、virusの複数形はvirusesが一般的だが、viriiが使われることもある。ただしあまりお勧めはしない。複数形にviraeを使うのはまったくの間違いだ。

(2) 呼吸器系のうち咽頭より上の「上気道」の感染はすべて、「普通の風邪」の原因になりうる。

(3) 実際には、ウイルスそのものではなくて、免疫系の反応が病気の症状を引き起こす。

1人、別の人間にそのウイルスが感染してしまっている(4)。感染との戦いに勝ったなら、あなたはその特定のライノウイルス株に対しては免疫ができ、数年間はその同じ株のウイルスには感染しない。

もしもサラが私たち全員を隔離したなら、私たちが持っている風邪のウイルスには、次に感染する新しい人間(ウイルスに寄生される「宿主」)がいないことになる。ではこの状況で、私たちの免疫系はそのウイルスのすべてのコピー(「増殖」してできた、同じウイルス)を全滅させることができるのだろうか?

この問いに答える前に、このような隔離を行なった場合、どんな影響が実際に生じるのか考えてみよう。世界経済の年間総生産高は、約80兆ドルだ。このことからすると、すべての経済活動を2、3週間中断すると、数兆ドルの損失になると推測される。全世界で「停止」してしまうことが世界の経済システムに及ぼす打撃は、世界規模の経済崩壊をもたらす恐れが大きい。

---

(4) 数学的には、これは正しいはずだ。平均が1人より少なければ、ウイルスは死滅する。また、1人より多ければ、やがて全員が常に風邪を引いている状況になる。

世界の食料総備蓄量は、すべての人間を4、5週間隔離しても食料を行き渡らせるに十分だと思われるが、そのためには事前に備蓄食料を均等に分けて梱包しておかなければならない。率直に言って、野原かどこかにひとりぼつねんと立っているところに、20日分の備蓄穀物があったとして、それをどうすればいいのか、見当もつかない。

世界規模の隔離を実施するにあたって、別の問題も出てくる。「われわれは実際、どれくらい遠く離れられるのだろう?」という問題だ。世界は広い[要出典]。しかし、人間は大勢いる[要出典]。

世界の陸地を均等に分割したなら、1人あたり2ヘクタール強の面積を割り当てるに十分だ。これだと、一番近い人間との距離は77メートルになる。

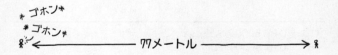

77メートルの距離があれば、ライノウイルスの伝染を阻止するにはおそらく十分だろうが、これだけ離れてしま

うことには代償も伴う。世界の陸地の大部分は、5週間突っ立っていて心地いい場所ではない。サハラ砂漠や南極の真ん中に立っていなければならない人が大勢出てくるだろう。

もっと実際的なやり方（コストは必ずしも安くない）は、全員にバイオハザード防護服を配ることだ。そうすれば、みんな歩き回って交流することができるし、通常の経済活動を一部継続することもできるだろう。

「……バラしてあんたのフェースプレートに、パックみたいに置いてみる？」

「そうね」

しかし、ここは実際の運用上の問題をわきに置き、サラ自身の質問、「これで風邪がなくなるのか？」について考えよう。

答をはっきりさせるため、クイーンズランド大学のオーストラリア国立感染症研究センターのイアン・M・マッカイ教授に問い合わせてみた。

（5） （4億5000万人）
（6） （6億5000万人）
（7） この質問については、最初、ブログ〈Boing Boing〉の編集者、コリイ・ドクトロウ（カナダ人、SF作家でもある）に尋ねてみようとしたのだが、何度頼んでも彼は、自分はほんとうの医者ではないからだめだの一点張りで、結局断られてしまった。

マッカイ博士は、純粋に生物学的な観点から言って、このアイデアは実際かなり理屈にあっていると言う。ライノウイルスは、その他のRNA呼吸器系ウイルスと同じく、免疫系によって完全に体内から排除され、感染後、いつまでも体内に留まることはないそうだ。さらに、人間と動物のあいだでライノウイルスをうつしあうことはないので、人間の風邪の保存場所になるような種も存在しないわけだ。ライノウイルスがあいだを行き来できる人間が十分な人数いなければ、ライノウイルスは死に絶える。

　孤立した集団のなかで、実際にこのようにしてウイルスが絶滅した例はいくつも存在する。スコットランドの北西沖にあるセント・キルダ群島は、何世紀にもわたって人口は100人ほどだった。群島に小船がやって来るのは年に2、3回だけだったが、小船がやってくると、スコットランド語でcnatan-na-gall、すなわち「ボート咳」という奇妙な病気が流行った。数百年にわたり、新たに小船が到着するたびに、時計仕掛けのように決まりきったパターンで、ボート咳は必ず島を席巻した。

　ボート咳が流行した本当の原因はわかっていないが、[8]その多くはおそらくライノウイルスによるものだろう。小船がやってくるたび、新しいウイルス株が持ち込まれる。新しいウイルス株は島を席巻し、ほとんど全員が感染する。数週間後、すべての島民がこの株に対する免疫を新たに獲

（8）　セント・キルダ群島の住民たちは、病気を引き起こしたのは小船だと正しく見抜いていた。しかし当時の医療関係者たちはこの主張を無視し、原因は島民たちが新しい船がやってくるのを寒いなか戸外に立って見守り、到着を祝って飲みすぎたことにあると、島民のせいにした。

得してしまい、ウイルスは行くところがなくなって絶滅してしまう。

このようにしてウイルスが排除される現象は、小さな孤立した集団ならどこでも起こりうる。たとえば、難破船の生存者のグループなどでも見られるだろう。

（訳注：アメリカのテレビドラマ、《ギリガン君SOS》の主題歌のもじり）

もしもすべての人間が誰からも隔離されたなら、セント・キルダ群島のケースがヒトの種全体の規模で再現されるだろう。1、2週間のうちに、人間の風邪は通常の経過をたどり、その後たっぷり時間をかけて、健全な免疫系によってウイルスは全滅させられるだろう。

残念ながら、ひとつ問題があり、それが計画のすべてを台無しにしてしまうかもしれない。「人間全員が健全な免疫系を持っているわけではない」という問題だ。

ほとんどの人間で、ライノウイルスは10日ほどで体内から完全にいなくなる。しかし、免疫系が極度に弱まっている人間ではそうはいかない。たとえば、臓器移植患者は、免疫系が人為的に抑制されており、ライノウイルスをはじめ、普通の感染症のウイルスが数週間、数カ月、場合によっては数年にわたって居座りつづける。

　この、免疫系が損なわれたごく少数の人々が、ライノウイルスにとって安全な隠れ家となるだろう。ライノウイルスを撲滅できる望みは薄い。2、3の宿主があれば、瞬く間に広まって再び世界を支配するに十分なのだ。

　サラの計画は、おそらく文明を崩壊させるのみならず、ライノウイルスの撲滅には失敗するだろう(9)。しかし、それはかえっていいことかもしれないよ！

　風邪はいやなものだが、風邪が存在しないほうがもっと悪いかもしれない。カール・ジンマーは、著書の『ウイルス・プラネット』のなかで、ライノウイルスに曝されたことのない子どもは大人になってから免疫異常になる率が高いと言っている。こういう軽い感染症が、われわれの免疫系を訓練し、調整している可能性があるわけだ。

　とはいえ、風邪はほんとうにいやだ。いやな思いをするばかりか、一部の研究によれば、この手のウイルスへの感染が、われわれの免疫系を直接弱め、ほかの感染症にもかかりやすくしてしまうという。

　すべて考えあわせると、私は自分が今後絶対風邪にかか

（9）　われわれ全員が、隔離されているあいだに食料を食べ尽くし、餓死してしまうのでなければ。そうなれば、ヒトライノウイルスはわれわれとともに死滅するだろう。

らないようにするために砂漠の真ん中に5週間立ったりはしない。だが、ライノウイルスのワクチンが開発されたなら、真っ先に打ってもらいに行くつもりだ。

---**半分空のコップ**---

質問. コップ1杯の水がいきなり、文字通り半分空になったらどうなりますか？

――ヴィットリオ・イアコヴェラ

答. どうなるかについては、楽観主義者よりも悲観主義者のほうが正しいだろう。

人々が「半分空のコップ」と言うとき、それは普通、水と空気が同じ体積含まれたコップという意味だ。

昔から、楽天家はそのコップを見て、半分水があると思い、悲観論者は、半分しか水が入ってないと思うことになっている。諺にもなっているが、そのバリエーションであるジョークも無数にある。たとえば、「エンジニアはそれを見て、コップが必要な大きさの2倍だと思う」とか、「シュールレアリストは、キリンがネクタイを食べているところだと思う」などのように。

だが、コップの空っぽなほうの半分が、ほんとうに空っぽだったら、つまり、真空だったら、どうなるだろう？[1]
真空は、長くはもたない。それは間違いないが、いったい何が起こるのかは、普通は誰もわざわざ尋ねたりしない、ある重要な問いにかかっている。「どちら側の半分が空っぽなのか？」というのがその問いだ。

ここでは、3つの異なるタイプの「半分空っぽ」になったグラスを思い浮かべ、1マイクロ秒ごとに何が起こるかを追跡することにしよう。

真ん中にあるのは、昔からのごく普通の、空気と水が半々のコップだ。右側のコップは、昔からのものに似ているが、空気が入っているはずのところが真空になっている。左側のコップは、水が半分入り、半分は空っぽ（真空）だが、空っぽなのは下側の半分である。

真空は $t = 0$ の時刻に突如出現すると仮定しよう。

最初の数マイクロ秒のあいだは、何も起こらない。この時間尺度では、空気の分子でさえ、ほぼ静止している。

---

[1] 真空にしてもほんとうに空ではないという議論もあるが、この意味論的問題は量子論に譲りたい。

半分空のコップ 191

　普通だいたい、空気の分子は秒速2、300メートルのスピードで軽くゆれている。しかし、ほかの分子よりも速いスピードで運動している分子が、いつでも何個かあるはずだ。これら少数の高速分子は秒速1000メートル以上の速さで運動している。これらの分子が、右側のコップのなかで、真空域に最初に入ってくる。
　左のコップの真空は水やガラスといったもので密封されているので、空気の分子はおいそれとは入ってこられない。水は液体なので、空気のように広がって真空を満たしていったりはしない。しかし、コップ内で真空と接する部分で沸騰しはじめ、真空のなかに水蒸気が徐々に拡散していく。

　左右のコップで、真空と接する面で水が沸騰し、水蒸気が拡散しはじめるが、右のコップでは勢いよく流れ込んでくる空気が、水が本格的に沸騰を始めるのを許さない。左

側のコップでは、ごく薄い水蒸気の霧が真空へと流れ込みつづける。

数百マイクロ秒後、右のコップの真空に勢いよく流れ込んだ空気は真空を完全に満たし、水面に下向きの力を加え、その結果圧力波が水のなかを伝わっていく。コップの側面は、少し膨らみながらも圧力を押さえ込み、割れたりはしない。衝撃波が水のなかを通って、反射増幅されて外の空気に戻り、すでに生じていた空気の乱れと合体する。

右のコップで真空が破れるときの衝撃波は約1ミリ秒でほかの2つのコップを通過して広がる。衝撃波が通過する際、コップも水も少し変形する。さらに2、3ミリ秒が経つと、人間の耳にも到達し、大きな爆発音として聞こえる。

半分空のコップ 193

　このころには、左のコップが目に見えて宙に浮きはじめる。
　空気の圧力が、コップと水をよりタイトに密着させようとする。これはどういう力かと考えて、思い当たるのが吸引力だ。右のコップでは、吸引力でコップが持ち上がるほど長いあいだ真空がもたない。しかし、左のコップでは、空気が真空のなかに入れないので、コップと水は互いに相手に対する密着の度を増すように動く（これがコップが宙に浮く理由だ）。

　沸騰した水から生じて真空を満たした水蒸気の量は極めて少ない。上で述べたコップと水の動きにより真空の容積が小さくなるにつれて、水蒸気が圧縮され、それが水面に及ぼす圧力が徐々に大きくなる。最終的には、これで沸騰の勢いが弱められる。気圧が高まれば沸騰しにくくなるの

と同じだ。

しかし、この時点になるとコップと水の動きがかなり速くなっていて、圧縮された水蒸気の圧力など問題ではなくなる。$T=0$ の時点から 10 ミリ秒もたたないうちに、コップと水は互いにぶつかりあう方向へと、秒速数メートルの速さで接近している。両者のあいだにクッションとなる空気層はなく（薄い水蒸気があるだけ）、水は、打ちおろされたハンマーのように、コップの底に激突する。

水はほとんど圧縮されないので、衝撃の伝わり方に関しては剛体とみなしてよく、このときの衝撃は一定の時間をともなって伝わるのではなく、鋭い一撃が一瞬にして加わる。コップには瞬間的に巨大な力がかかり、割れてしまう。

これは、「ウォーター・ハンマー（水撃作用）」と呼ばれる現象で、水道の蛇口をひねって水を止めたときに、旧式の水道配管だと「コン」と音が鳴るのもこのせいだ。また、パーティの隠し芸としてよく知られている、水を入れたガラス瓶の口を上から強打すると底が割れるという技も、これを利用している。

　強打された瓶は、突然下に押される。瓶のなかの水は、瓶の底が下がったことで生じる吸引力（空気の圧力）に、すぐには反応せず（われわれが今検討しているシナリオと同じように）、瓶の底と水とのあいだに隙間ができる。そのわずかな隙間——厚みとしては1センチほどの——がふさがることで生じる衝撃により、瓶の底が割れるのだ。

　われわれが今考えている例では、どんなに分厚いガラスコップでも割れてしまうほどの力がかかると考えられる。

　コップの底は水に押されて下に落ち、テーブルにぶつかる。水はその周囲に飛び散って、水滴とガラスの破片が四方八方に広がる。

　一方、底と分かれたコップの上部は上昇を続ける。

ガチャンという音を聞いた観察者たちは0.5秒後、ちょっと怖くなってあとずさりしはじめる。彼らは無意識のうちに顔を上げて、上昇するコップの動きを追う。

コップはそこそこの速度があるので、天井にぶつかり、粉々に砕ける……

……こうしてできたガラスの破片は、運動量を使い果たしたので、テーブルに戻ってくる。

教訓――楽天家がコップは半分満たされていると言い、悲観論者がコップは半分空だと言うとき、物理屋は身をかがめる。

〈ホワット・イフ？〉のウェブサイトに寄せられた変な（そしてちょっとコワい）質問　その5

質問． 地球温暖化による気温上昇が私たちを危機に陥れ、一方超巨大火山の噴火による地球規模の気温低下でも危機に瀕するのなら、この2つがちょうど打ち消しあってプラマイゼロ、というわけにはいかないでしょうか？
　　　　　　　　　　　　　——フロリアン・ザイドル＝シュルツ

質問． チーズを切るワイヤーで、おへそのところで真っ二つに切断されるためには、人間はどれくらい速く走らないといけませんか？　　　　——ジョン・メリル

よその星の天文学者

質問. 一番近い太陽系外惑星に生物がいて、われわれと同等のテクノロジーを持っているとしましょう。今の瞬間、彼らが地球を見たら、彼らには何が見えるでしょうか？
——チャック・H

答.

もうちょっとちゃんと答えてみよう。まずは……

通信や放送の電波

映画『コンタクト』のおかげで、地球人の放送メディアが発信することがらを異星人たちが傍受している可能性が取り沙汰されるようになった。残念ながら、その可能性は少ない。

問題は、宇宙はほんとうに広いということだ。

星と星のあいだで電波がどれだけ弱まるか、物理を使っ

てはっきりさせることもできるが、状況を経済面から考えれば、何が問題なのか実感できるだろう。つまり、あなたのテレビ信号がよその星に届いているなら、あなたは金を無駄に使っていることになるのだ。よその星まで信号が届くほど送信機の出力を上げれば高くつくし、それを受信した異星人が、送信に必要な電気料金を支払ってくれているテレビコマーシャルの商品を買うこともない。

　全体像はもっと複雑だが、要するに、われわれの技術が向上するにつれ、通信や放送の電波が宇宙空間に漏れ出す量は減っている。巨大な送信用アンテナは次々と廃止され、ケーブル、ファイバー、携帯電話基地局のネットワークに置き換えられている。

　われわれのテレビ信号はしばらくのあいだ検出可能だったかもしれないが（たとえ可能でも、たいへん苦労してのことだろうが）、それももう終わりに近づいている。テレビとラジオで虚空に向かって絶叫するかのように、われわれが強い信号を盛んに宇宙に放出していた20世紀終盤でさえ、信号は2、3光年も進めば検出できないほど衰弱していただろう。これまでに特定された、生物が居住可能な太陽系外惑星は数十光年離れたものばかりで、地球で流行っていたキャッチフレーズを彼らが今真似して使っている、などということはまずなさそうだ。

　しかし、テレビやラジオの放送にしても、地球最強の電波信号ではなかった。**早期警戒レーダー**のビームにはかな

（1）　もちろん、ご希望があればの話。
（2）　いくつか眉唾なウェブコミックが書いていることとは違って。

わない。

　冷戦の産物、早期警戒レーダーは、北極圏全域に地上ステーションと空中ステーションを張り巡らせたものだった。これらのステーションは1日24時間、週7日にわたり強力なレーダービームで大気を走査し、ときには電離圏でビームを反射させていた。軍の担当者らがエコーとして戻ってくる信号を常時モニターし、敵の動きをうかがわせる異常はないか、強迫観念的に監視していた(3)。

　これらのレーダーの電波は宇宙に漏れ出していたので、近くの太陽系外星人たちがいる方向にビームが向いていたときに彼らが偶然聞き耳を立てていたら、キャッチされたかもしれない。しかし、放送用のテレビ塔を時代遅れにしたのと同じ技術革新が、早期警戒レーダーシステムも不要にしてしまった。今日のシステムは（どこかにあるとすればだが）、電波の漏れははるかに少なくなっており（つまり、昔のやかましさはなくなっており）、やがて何か新しいテクノロジーに完全に取って代わられるだろう。

地球で最強の電波信号は、アレシボ天文台の電波望遠鏡のビームだ。プエルトリコにあるこの巨大な皿のようなパラボラアンテナは、レーダー送信機として機能し、水星や小惑星帯など、近くにある標的にぶつけて信号を反射させる。要は、他の惑星がもっとよく見えるように照らす懐中電灯のようなものだ（途方もなく聞こえるかもしれないが、そのとおり途方もないことだ）。

　しかし、電波望遠鏡の信号はたまにしか発されないし、しかも細いビームでしかない。たまたま太陽系外惑星がビームに捉えられたとして、また、そのとき太陽系外惑星人たちが受信用アンテナを地球のほうに向けていたとして、彼らには電波エネルギーが一瞬のパルス信号としてキャッチされるだけで、そのあとはまた元の、何も信号がない状態に戻ってしまうだろう。[(4)]

　そんなわけで、地球を見ている異星人がいたとしても、アンテナを使ってわれわれの存在を知ることはできないだろう。

　しかし、それとは別に、可視光もある……。

可視光

　こちらのほうが見込みがある。太陽はとても明るく[要出典]、その光は地球を照らしている[要出典]。太陽光の一部は

（3）　冷戦時代は私が生まれたすぐ後くらいに終わったが、聞いた話では、とても緊張した雰囲気だったそうだ。
（4）　1977年、このとおりの電波信号が地球で受信された。この「ピッ」は、「WOW!シグナル」と名づけられたが、その素性はまだ特定されていない。

反射されて宇宙へと向かう。いわゆる「地球照」だ。また、太陽光の一部は地球の近くをかすめて、地球大気を通過したあと、また宇宙空間を進んでよその星へと向かう。地球照と、大気通過後によその星へ向かう太陽光、両方とも太陽系外惑星で捕捉される可能性がある。

これらの光が人間について直接何かを教えてくれるわけではないが、十分長いあいだ地球を観察すれば、反射の状況から、地球大気についていろいろと知ることができるだろう。地球上の水の循環がどうなっているかを探ったり、大気に酸素が豊富なことから、何か珍しいことが起こっているらしいと気づいたりできる。

そんなわけで、結局、地球から出ている一番はっきりした信号は、人間の出すものではないだろう。それは、数十億年にわたって地球を地球たらしめている——そして、人間の発している信号に変更を加えて宇宙に送っている——藻類が出すものだろう。

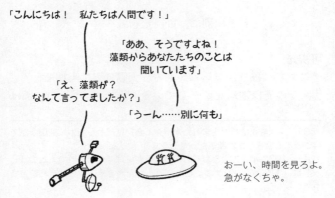

「こんにちは！ 私たちは人間です！」

「ああ、そうですよね！ 藻類からあなたたちのことは聞いています」

「え、藻類が？ なんて言ってましたか？」

「うーん……別に何も」

おーい、時間を見ろよ。急がなくちゃ。

もちろん、われわれがもっとはっきりした信号を送りたければ、それは可能だ。だが、電波を送信する場合、電波が届くときに、受け手が注意を払っていなければならないという問題がある。

そういう相手任せの方法に甘んじるのではなく、こちらから積極的に、彼らに注意を払わせることができる。イオン駆動や原子力推進のエンジンを搭載したり、あるいは太陽の重力井戸をうまく使うだけでも、十分高速で飛行するプローブを太陽系外に送り出し、近くにある星のどれかに2、3万年以内に到達させることが可能だろう。この旅のあいだ機能しつづける誘導システムを開発できれば（そんなものを作るのは並大抵ではないだろうが）、生物が住めるどの惑星にでも導いてやることができるだろう。

安全に着陸するには、減速しなければならない。しかし、減速するには、それまでの飛行にかかった以上の燃料が必要だ。それに、えーっと、こんなプローブを送るそもそもの理由は、異星人たちにわれわれのことを気づいてもらうためだったよね？

というわけで、異星人たちがわれわれの太陽系のほうを見たなら、彼らに見えるのはこんなものだろう。

ごめんなさい！ :(

――DNAがなくなったら――

質問. ちょっと恐い話なんですが……もしも誰かのDNAがすべて突然消えてしまったら、その人はどれくらいのあいだ生きていられますか?

――ニーナ・チャレスト

答.

あなたのDNAがすべてなくなってしまったら、その瞬間、あなたの体重は150グラムほど軽くなる。

150グラム体重を軽くするには……

体重を減らすためにDNAをなくすなんて、私はお勧めしない。もっと簡単に体重を150グラム軽くする方法がいろいろある。たとえば、

- シャツを脱ぐ。
- トイレですっきりする。
- 髪の毛を切る(あなたの髪の毛がとても長い場合)。
- 献血する。ただし、150cc取られたところで採血用チューブをねじって、それ以上採血できないようにする。
- ヘリウムでふくらませた直径1メートルの風船を持つ。
- 指を切り落とす。

などだ。

また、北極あるいは南極地域から熱帯地域に移動するだけでも、150グラム体重を減らすことは可能だ。これには2つ理由がある。1つめは、地球がこんな形をしているからだ。

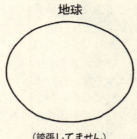

地球

（誇張してません）

　北極に立っているとき、赤道の上に立っているときよりも、あなたは地球の中心に20キロメートル近いので、その分地球の引力を強く受ける。

　そして2つめは、赤道の上にいるときには遠心力がかかるからだ[(1)]。遠心力によって、あなたは地球から離れる方向へ振り飛ばされる。

　これら2つの効果で、極地域と赤道地域とのあいだを行

---

(1) 英語では"centrifugal force"と綴る。間違いないよ、あなたが何と言おうとも。

ったり来たりすると、あなたは体重の約0.5パーセントを得たり失ったりする。

　私が体重のことしか言わないのは、もしもDNAが消えてなくなったなら、あなたが最初に気づくのは、DNAという物質が物理的になくなってしまったことではない可能性が高いからだ。すべての細胞が少し縮む瞬間、何か均一な微弱衝撃波のようなものを体全体で感じるかもしれない——いや、やっぱり感じないだろう。

　DNAを失ったとき立っていたなら、あなたは少しピクッと震えるかもしれない。立っているとき、人間の筋肉は、体をまっすぐ立った状態に保つために休みなく働いている。筋肉を構成する筋線維が出す力の大きさは変わらないだろうが、筋線維が引っ張っている質量——つまり、あなたの手足の質量——は変化する。$F=ma$（Fは力、mは質量、aは加速度）なので、体の各部分に少し加速度を感じるはずだ。それでピクッとするわけである。

　そのあと、体の感覚は別段いつもと変わりなくなるだろう。
　しばらくのあいだは。

死の天使

　DNAをすべて失った人はまだいないので[2]、DNAを失うと医学的にどのような結果になるのか、その正確な経過については何も言うことはできない。しかし、どんなことになりそうか大まかに把握するため、キノコ中毒を参考にし

（2）　このことが記載された、典拠にあたるものはない。しかし、もしもそんな人がいたなら、これまでにわれわれの耳にも入っているはずだと思う。

DNA がなくなったら 207

てみることにしよう。

アマニタ・ビスポリゲラ（*Amanita bisporigera*）は、北米東部に見られるキノコの種(しゅ)だ。これに近い、アマニタ属の毒キノコ数種類がアメリカやヨーロッパに分布しているが、これらはすべてひっくるめて「死の天使」と通称されている。

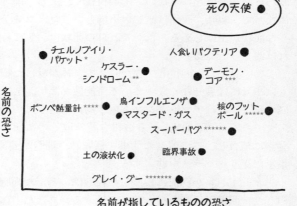

※ 以下は訳注。

* 　　　　　無限ループに入り、ネットワークをダウンさせてしまうようなパケット。
** 　　　　宇宙ゴミの危険性を示すシミュレーションモデル。
*** 　　　ロスアラモス研究所で各種実験に使われ、1946 年にビキニ環礁での核実験に使用された未臨界量のプルトニウムの球体。臨界状態に達する事故を起こし、2 名が死亡している。
**** 　　bomb calorimeter で「爆弾」という言葉が入っているので。
***** 　　アメリカ大統領がコマンドセンターやホワイトハウスから離れたところにいる際に核攻撃の命令を出すための装置で、ブリーフケース型の容器に入れて携帯される。
****** 　従来の薬剤では死滅しない超強力細菌。
******* 近未来に自己増殖するナノマシンが暴走して地球全体が灰色のナノマシンの固まり（グレイ・グー）になってしまうというディストピア的シナリオ。

死の天使は、小さくて白い、一見何の問題もなさそうなキノコだ。私は子どものころ、森で見つけたキノコは絶対食べてはいけないと教わったが、みなさんもそうではないだろうか。こんなふうに子どもに教えるのも、アマニタ属の毒キノコ類のせいだ。(3)

あなたが死の天使を食べたとすると、その日1日は特に変わったことは起こらない。その夜遅く、あるいは、翌朝になって、嘔吐、腹痛、激しい下痢といった、コレラのような症状が出はじめる。だがこれらの症状は、しばらくすれば治まってくる。

この、見かけ上回復してきた時点で、体が受けた損傷はもはや元には戻せなくなっている可能性が高い。アマニタ属のキノコには**アマトキシン**という物質が含まれている。アマトキシンは、DNAから情報を読み取るのに使われる酵素に結合し、この酵素の仕事を邪魔し、細胞がDNAの指示に従うプロセスを妨害する。

アマトキシンが内部に蓄積した細胞は、どんな細胞であろうと、回復不可能なダメージを受ける。あなたの体の大部分は細胞でできているので、これはよろしくない。人間(4)の死は、普通、肝臓または腎臓の機能不全によってもたらされる。なぜなら、この2つは毒素が最初に蓄積する最も敏感な臓器だからだ。集中的な治療と肝臓移植によって患

（3） アマニタ属の種で、「死の天使」と呼ばれているものがいくつかあり、「死の帽子」と呼ばれる別のアマニタ属のキノコ（タマゴテングタケ）とともに大方のキノコ中毒死の原因となっている。
（4） 典拠：あなたが寝ているあいだに、友だちに部屋に忍び込んでもらい、顕微鏡で確認してもらった。

者の命を救うことができる場合もあるが、アマニタ属のキノコを食べた人の多くが命を失う。

アマニタ属キノコ中毒の恐ろしさは、中毒を起こした者が通過する、「生ける屍」の段階にある。この段階にある人は、表面上は大丈夫（あるいは回復している）と見えるが、じつは細胞には回復不可能で死に至るダメージが蓄積しているのだ。

これは、DNA がダメージを受ける場合に一般的に起こる経過で、誰かの DNA が突然すべて消失してしまったときにも、これに似たようなことが観察されると思われる。

状況をより鮮明に描写するために、DNA にダメージを生じる、これとは別の例を 2 つ挙げよう。化学療法と放射線被曝だ。

化学療法

癌の化学療法に使われる薬剤は、なんとも手荒な道具だ。少し精度よく標的の癌細胞を狙えるものもあるが、多くのものはあらゆる細胞の分裂を全般的に妨害する。それなのに、患者も癌も等しく痛めつけるのではなく、癌細胞を選択的に殺せるのは、癌細胞は絶えず分裂しているのに対し、通常の細胞の大部分はたまにしか分裂しないからだ。

確かに、人間の細胞の一部は常に分裂している。最も速く分裂している細胞は、血液を製造する工場である骨髄に存在する。

210 WHAT IF? Q1

(訳注：ACME という社名は《ルーニー・テューンズ》等のアニメで出てくる、あらゆる商品を扱う通販会社のもじり。最近「シェ・パニーズ御用達」と評判の ACME BREAD COMPANY にもひっかけているらしい)

　人間の免疫系にとっても骨髄は重要だ。骨髄がなければ、白血球を作り出す能力が失われ、免疫系は崩壊してしまう。

　化学療法は免疫系にダメージをもたらすが、そのため、化学療法を受けている患者は、普通なら感染しないような細菌やウイルスで感染症を起こしやすくなる。(5)

　体内には骨髄細胞のほかにも盛んに分裂する細胞がある。皮膚の表面で毛穴として見えている「毛包」や、胃の内壁の細胞も、やはり常時分裂している。化学療法の患者の髪が大量に抜けたり、吐き気を感じたりするのはこのためだ。

　最も広く使用され、また最も効果の高い抗癌剤のひとつ、ドキソルビシンは、DNA を切断し、でたらめにつなぎ、

（5）　化学療法で抗癌剤を頻繁に投与する場合、ペグフィルグラスチム（ニューラスタ〔日本ではジーラスタの名称で出回っている〕）などの免疫賦活薬を併用することで、安全性を向上させることができる。免疫賦活薬は、要するに、たとえば大量の大腸菌の感染が起こっているので撃退せねばならないと体に思い込ませて、白血球の生成を促す。

ぐちゃぐちゃにもつれさせる働きをする。糸を球状に巻いたものに瞬間接着剤をたらすようなもので、DNAを絡まってほぐせない状態にして使い物にならなくしてしまうのだ。投与後2、3日で現れる最初の副作用は、吐き気、嘔吐、下痢だ。この薬が消化管の細胞を殺してしまうことからすれば不思議はない。

DNA消失もこれと同様の細胞死をもたらし、おそらく似たような症状が出てくるだろう。

放射線被曝

大量のガンマ線被曝によっても、やはりDNAは損傷される。現実に起こりうる障害のなかで、ニーナの質問で想定されるケースに最も近いものは、おそらく放射線中毒だろう。放射線に最も敏感な細胞は、化学療法の場合と同じく骨髄細胞で、次いで消化管の細胞である。

放射線中毒には、「死の天使」キノコの毒性と同じく、潜伏期間——「生ける屍」の期間がある。このあいだ、体はまだ機能しているが、新たにタンパク質が合成されるこ

（6）まったく同じではない。木綿の糸に瞬間接着剤をたらすと引火しやすくなる。
（7）極めて高い線量の放射線に被曝すると人間は短時間のうちに死ぬが、それはDNAのダメージによるものではない。大量の放射線は、脳の組織液と血液が混ざらないようにしている「血液脳関門」というバリアを破壊するため脳出血が起こり、短時間で死亡するのである。

とはなく、免疫系が崩壊しつつある。

深刻な放射線中毒の場合、死因の第1位は免疫系の崩壊だ。白血球がまったく生成されなくなっているので、体は感染症と戦うこともできないし、普通のバクテリアが体に入って大暴れできる状態になってしまう。

結論

DNAがなくなるとおそらく、腹痛、吐き気、めまい、免疫系の急激な崩壊が起こり、そして、数日もしくは数時間のうちに、急激な全身感染か、全器官の機能不全による死が訪れるだろう。

その一方で、少なくともひとつ良い面もありそうだ。われわれの社会がジョージ・オーウェルが『一九八四年』で描いたようなディストピア的状況に至って、政府が市民の遺伝情報を収集し、それを使ってわれわれを追跡し支配するようになっても……

「不法侵入の現場で皮膚サンプルを発見しましたが、DNAテストの結果は陰性でした」

「おや、照合して一致するものがなかったのか?」

「はい。陰性でした」

……あなたはいわば透明人間になったようなものだ。

惑星間セスナ

質問. 地球で普通に飛んでいる飛行機を、太陽系のほかの天体の上空で飛ばそうとしたらどうなりますか？

——グレン・キャッキャエーリ

答. これがわれらが飛行機だ。⁽¹⁾

燃料タンクにはリチウムイオン電池（駆動時間5〜10分）を搭載

電気モータ

ガソリンエンジンは植物のある惑星の空でしか役に立たないので、電気モータを使わなければならない。植物がない惑星では、酸素は大気中に留まらない——ほかの元素と結合して二酸化炭素や錆のようなものになってしまうのだ。植物は、こうして捕らわれた酸素を解放して、大気のなかに送り込んでくれる。ガソリンエンジンが働くためには、空気中に酸素がなければならない。⁽²⁾

そして、これがわれらがパイロットだ。

われわれの飛行機が太陽系で最も大きな32の天体の上空に送り出されたならどうなるかをまとめたのが次の図だ。

「さあ、来なさい！」
「いやだぁー」

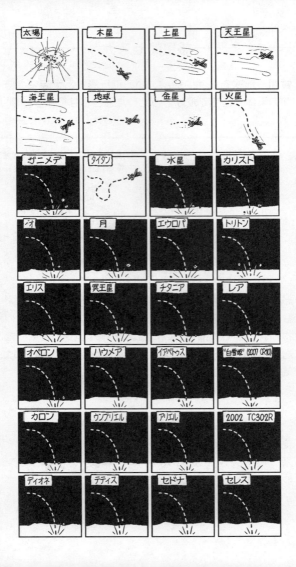

たいてい大気がなく、飛行機はすぐに天体の表面に落ちてしまうだろう。1キロメートル以内の高さから放たれたとすると、表面との衝突はそれほど急激にはならず、パイロットが生き延びる場合もわずかながらありそうだ。生命維持装置のほうはおそらく壊れてしまうだろうが。

飛行機がすぐに墜落してしまわないほど濃い大気がある天体は、太陽系に9つある。地球（当然ですね）、火星、金星、巨大ガス惑星（木星、土星、天王星、海王星）、土星の衛星タイタン、そして太陽だ。それぞれの天体で飛行機がどうなるかを見てみよう。

太陽：

太陽の場合、ほぼあなたの想像どおりのことになる。太陽の大気を少しでも感じられるくらい太陽に近いところで放たれたとすると、飛行機は1秒もかからずに蒸発してしまうだろう。

火星：

われわれの飛行機が火星上でどんな目に遭うかを見るために、Xプレインを使おう。

Xプレインとは、世界で一番進んだフライト・シミュレータだ。筋金入りの航空学愛好家たちとシンパのコミュニティーが20年間何かに憑かれたように努力した結果完成したもので、飛行中、機体のあらゆる部分で空気がどのよ

（1） セスナ172スカイホーク。おそらく、世界で最もありふれた飛行機。
（2） それに、ガソリンだって大昔の植物からできたものだ。

うに流れるかを実際にシミュレートすることができる。まったく新しい設計の飛行機を正確にシミュレートできるので、研究ツールとしても有用だ。

このXプレインのコンフィギュレーション・ファイルを、重力が小さく、大気が薄く、天体の半径が小さくなるように変更すると、火星上空での飛行をシミュレートできる。

Xプレインで調べてみたところ、火星での飛行は困難だが不可能ではないことがわかった。NASAもこのことを承知しており、飛行機を使っての火星探査を検討している。問題は、大気が極めて薄いため、揚力を得るためには速く飛ばねばならないことだ。火星の地面から離れるだけでもマッハ1近い速度が必要で、いったん飛びはじめたら、慣性が極めて大きくなるので、コースを変えるのは難しい。あなたがターンを切っても、機体が回転するだけで、飛行機は元の方向に進みつづける。Xプレインの作者によれば、火星で飛行機を操縦するのは超音速旅客船を飛ばすようなものだとのことだ。

われわれのセスナ172は、この難しい状況をクリアすることはできないだろう。上空1キロメートルで放たれたとすると、墜落状態に入ってしまい、そこから立ち直るだけの速度には到達できそうにない。したがって、秒速60メートル以上のスピードで火星の表面に激突することになるだろう。4、5キロメートル上空から放たれたなら、滑空

（3） 飛行機について書くとき大文字ロックをやたらと使う人（Caps Lockキーはキーボードのなかでも最大の「無用の長物」とよく揶揄される。空港の名前をすべて大文字で表記するなど、このキーをよく使う変人、というギャグではないだろうが）。

状態に入るに十分な速度——音速の半分以上のスピード——を達成できるはずだ。しかし、墜落の衝撃を生き延びることはできまい。

金星：

残念ながら、Xプレインは金星表面付近の地獄のような環境をシミュレートすることはできない。しかし、物理学の計算により、そこでの飛行はどのようなものになりそうかを知ることができる。その結果はこうだ。あなたの飛行機はなかなかうまく飛ぶことができるだろうが、機体は終始燃えた状態で、やがて飛行は停止し、それはもはや飛行機ではなくなるだろう。

金星の大気は地球のものより60倍以上濃い。ジョギングほどのスピードで進むセスナが空中を上昇できるほどの濃さだ。しかし、うまくいかないもので、大気は鉛を溶かすに十分なほど高温だ。機体の塗装は数秒以内に溶けはじめ、部品はどれも瞬く間に故障してしまい、飛行機は熱応力のもとでばらばらになりながらゆっくりと地面に落ちていくだろう。

もう少し見込みがありそうなのは、雲の上を飛ぶことだ。金星の表面は恐ろしい状況だが、高層大気は驚くほど地球のものに似ている。酸素マスクとウェットスーツがあれば、55キロメートル上空で人間が生き延びることができる可能性がある。これほどの高度では、気温は室温くらいで、気圧は地球の高山と同等だ。だが、硫酸から身を守るためにウェットスーツが不可欠だ。
(4)

硫酸こそ厄介だが、雲のすぐ上の領域は、じつは飛行機

にとって最高の環境なのだ。ただし、硫酸で腐食されてしまうような金属露出部が飛行機になかったとしての話だが。それからもうひとつ、さっき言い忘れたのだが、カテゴリー5（風速70m/s以上）の超大型ハリケーンが常時存在しているなかで飛行可能な飛行機である必要もある。

金星恐るべし。

木星：

われらがセスナは木星で飛ぶことはできないだろう。重力が大きすぎるのだ。木星の重力のもとで水平飛行を維持するに必要な力は、地球での力の3倍になる。最初は地球の海水面と同じぐらいの気圧なのだが、渦巻く強風のなかを加速しながら下へ向かって滑空し、やがて秒速275メートルに達する。このあいだ、凍ったアンモニアと粒状の氷の層を下降していき、最終的にはパイロットもろとも飛行機はクラッシュしてしまう。衝突する表面は存在しない。木星は、下層へ行くにつれて気体から液体へと徐々に変化していくからだ。

土星：

状況は木星よりは多少よくなる。木星より重力は小さい（実際、地球の重力に近い）し、大気は少し濃いので（それでもまだ薄いが）、寒さか強風のいずれかに屈し、その後どんどん降下して、木星に行ったときと同じ運命に終わ

（4）ウェットスーツを売り込んでいるわけではないので。もちろんおわかりと思いますが。

ってしまう前に、もう少しがんばれるだろう。

天王星：

　天王星は、均一な青色の球体のような、不思議な惑星だ。強風が吹き荒れ、ひどく寒い。巨大ガス惑星のなかでは、われわれのセスナに最も優しい環境で、おそらくしばらくのあいだ飛行できるだろう。しかし、いかにものっぺりとして凹凸のなさそうなこの惑星の上を、わざわざ飛ぶことなどないのでは？

海王星：

　巨大氷惑星（太陽系では天王星と海王星）のどちらかひとつの上空を飛びたいのなら、たぶん天王星より海王星がお奨めだ[(5)]。凍死するか乱気流でばらばらになるかする前に、少なくとも多少の雲は見られるだろうから。

タイタン：

　いちばん有望なのを最後に取っておいたのだ。飛ぶことに関しては、タイタンのほうが地球よりも都合がいいかもしれないくらいだ。タイタンの大気は濃いが、重力は弱い。そのため、大気は地球の4倍も濃いのに、表面圧力は地球のたったの5割増し。重力は月よりも小さく、おかげで苦労せずに飛べるわけだ。われわれのセスナは自転車のような足こぎ方式で空に浮かび上がることができるだろう。

　実際、タイタンに行った人間は、筋力で飛べるだろう。

（5）　キャッチコピーは「ちょっと青が濃いほう」で。

人間がハンググライダーに乗って、巨大水かき付きのブーツを履いて漕いで動力を得、タイタンの表面から離陸して、易々と飛び回ることができるだろう。あるいは、人工翼を羽ばたかせて飛び立つことも可能だろう。必要な力は極めて小さく、歩行以上の骨折りはいらない。

マイナス面は（マイナス面は何にでも付きものである）、寒さだ。タイタンの気温は72ケルビン（－201.15℃）である。これは、液体窒素と同じぐらいの温度だ。軽飛行機の機内温調でどの程度の暖房が必要かということから判断して、タイタン上空のセスナ機内は、毎分2度ずつぐらい温度が低下すると予測される。

バッテリーは自分で発熱するので、しばらく温度が保てるだろうが、最終的には機体の熱がすべて失われ、機能停止するだろう。タイタンに送られた探査機、ホイヘンス・プローブは、バッテリーがほとんど空になった状態でタイタン大気中を降下した。降下しながら素晴らしい写真を何枚も撮影したが、着陸後2、3時間で寒さに屈した。着陸

後に使えた限られた時間のなかで、ホイヘンスは1枚の写真を地球に送ることに成功した。これは、人類が火星より遠方にある天体の表面を、そこに着陸させたもので写した唯一の写真である。

人間が人工翼を身につけてタイタンで飛行を試みたなら、タイタン版イカロスになってしまうかもしれない。人工翼は凍結し、分解し、そして、それを身につけていた人間は

落ちて死ぬだろう。

 だが私は、イカロスの物語が人間の限界についての教訓だと思ったことはない。むしろ、接着剤として蠟を使うにはムリがあると説いているのだ。タイタンの寒さも、技術的問題のひとつでしかない。ちゃんと修理し、十分機能する熱源を搭載すれば、セスナ172はタイタン上空を飛べるだろう。だから、人間だって飛べるはずだ。

〈ホワット・イフ?〉のウェブサイトに寄せられた変な(そしてちょっとコワい)質問 その6

質問. 平均的な人体の総合栄養価(カロリー、脂質、ビタミン類、ミネラルなど)はどのくらいですか?

——ジャスティン・ライズナー

「……金曜日までに知りたいんだ」

「シーッ! やつが来る」

質問. チェーンソー(または他のものを切る道具)の刃がどれくらい熱ければ、それで怪我をしても一瞬で傷口が焼かれて止血されますか?

——シルヴィア・ギャラガー

「……金曜日までに知りたいの」

解　説
ギモンは捨てない！　愛すべき大人たち
漫画原作者　稲垣理一郎

　皆さんは子供のころ、身の回りのちょっとしたギモンに、答を知りたいと思ったことがありますか？　例えば「お月様はなぜついてくるのだろう」といったような……。
　ないよ！　という方は、たぶん一人もいないでしょう。
　でもそのうち、だんだんとギモンを感じなくなります。本当は、感じなくなるのではなく切り捨てるのです。こんなこと、知ってどうするんだ⁉　って。それが大人になるってやつです。

　ところが、そんなギモンを切り捨てない愛すべき大人たちがいます。
　マシンガンを束ねて下向きに乱射したら空が飛べるのか？　って、それを知ってどうするんだ本当に！（笑）
　でも正直、ちょっとだけ知りたいですよね??
　著者ランドール・マンローはそれらのギモンに、様々なアプローチを使って、一歩一歩科学的に迫っていきます。企業の面接などで使われて有名になった、フェルミ推定のようでもあります。その論理的な思索過程そのものが、本書『ホワット・イフ？』のオモシロみであり、読んで糧になる部分でもあると言えるでしょう。
　子供たちのギモンに、正面からガッツリ答えた経験はあ

りますでしょうか？

　僕には小さな息子がいますが、彼らの質問は無限に続くのです「どうして？」「じゃあどうして？」

　著者は、そんな無限のギモンすら切り捨てません。
　例えば、レーザーポインターを集めても月が照らせないのなら、もっとパワーを上げてみたら？　おそらく子供たちは、無限に聞いてくるでしょう。もっと！　もっと上げてみたら!?
　その答にも、本書はきちんと永遠に迫っていきます。ひたすら繰り返されるパワーアップの天井、つまり繰り返しネタは、もはやギャグ漫画のようです（笑）。
　いや、著者の本職はコミック作家とのことなので、むしろ本書自体が一冊の特殊な漫画と言えるのかもしれません。子供のころの素朴なギモンをイメージさせる、簡潔なイラストで、ジョークを交えてわかりやすく解説されています。

　こんなステキな本に出会えた子供たちは、何人かがきっと、科学の道に進んでくれるでしょう。まずは、科学そのものを探求する道。例えば研究者など。ほかにも、科学を楽しむ道。例えば著者のように科学を扱ったコミックなど。
　前者に関しては、僕は専門家ではないので詳しい方に解説をお譲りします。
　後者に関しては……おおなんという偶然、僕は専門家だ！
　創作という観点からも、本書は読んでいて大いに刺激になりました。

例えば……
「二人の人が惑星の離れた場所から出会うには」
とてもドラマチックな恋物語ができそうです。
「とても小さいけれど重力は強い惑星に住めるのか」
星に放り込まれた男の七転八倒と、いずれ辿り着く創意工夫ぶりが、科学的にリアルにするほど興味深くなります。

どんな不思議なシチュエーションでも、大切なのはその状況に放り込まれたキャラクターたちの心の動き、つまり人間模様です。科学的な考察は、そのシチュエーションをよりリアルなものに感じさせてくれます。結果キャラクターたちもリアルになり、まるで実在するかのように思えてくるわけです。
こんなふうに本書の全ての項目で、一つ二つはドラマが生まれそうです！
なぜなら人は、不思議をクリアしていくことそのものが楽しいからです。

そう、科学は楽しいのです!!
世の中の不思議に答を見つけていく。クイズの解答をのぞき見するような、そんな作業がつまらないわけがありません。読んだ子供たちが、そこに気づいてくれることを願います。
そして大人たちは本書で、知的好奇心の刺激という、しばしのステキな楽しみをいただくのです。

2019 年 10 月

参考文献

●地球規模の暴風
Merlis, Timothy M., and Tapio Schneider, "Atmospheric dynamics of Earth-like tidally locked aquaplanets," *Journal of Advances in Modeling Earth Systems 2* (December 2010); DOI:10.3894/JAMES.2010.2.13.
"What Happens Underwater During a Hurricane?"
http://www.rsmas.miami.edu/blog/2012/10/22/what-happens-underwater-during-a-hurricane

●使用済み核燃料プール
"Behavior of spent nuclear fuel in water pool storage,"
http://www.osti.gov/energycitations/servlets/purl/7284014-xaMii9/7284014.pdf
"Unplanned Exposure During Diving in the Spent Fuel Pool,"
http://www.isoe-network.net/index.php/publications-mainmenu-88/isoe-news/doc_download/1756-ritter2011ppt.html

●レーザー・ポインター
GOOD, "Mapping the World's Population by Latitude, Longitude,"
http://www.good.is/posts/mapping-the-world-s-population-by-latitude-longitude
http://www.wickedlasers.com/arctic

●元素周期表を現物で作る
以下のPDF資料15ページの表を参照した。
http://www.epa.gov/opptintr/aegl/pubs/arsenictrioxide_p01_tsddelete.pdf

●全員でジャンプ
Dot Physics, "What if everyone jumped?"
http://scienceblogs.com/dotphysics/2010/08/26/what-if-everyone-jumped/
StraightDope, "If everyone in China jumped off chairs at once, would the earth be thrown out of its orbit?"
http://www.straightdope.com/columns/read/142/if-all-chinese-jumped-at-once-would-cataclysm-result（このQ&Aの邦訳は『こんなこと、だれに聞いたらいいの？〔疑心暗鬼の巻〕』春日井晶子訳、ハヤカワ文庫に収録）

228 WHAT IF? Q1

● 1モルのモグラ

Discover, "How many habitable planets are there in the galaxy?"

http://blogs.discovermagazine.com/badastronomy/2010/10/29/how-many-habitable-planets-are-there-in-the-galaxy

● ヘアドライヤー

"Determination of Skin Burn Temperature Limits for Insulative Coatings Used for Personnel Protection,"

http://www.mascoat.com/assets/files/Insulative_Coating_Evaluation_NACE.pdf

"The Nuclear Potato Cannon Part 2,"

http://nfttu.blogspot.com/2006/01/nuclear-potato-cannon-part-2.html

● 最後の人工の光

"Wind Turbine Lubrication and Maintenance: Protecting Investments in Renewable Energy,"

http://www.renewableenergyworld.com/rea/news/article/2013/05/21/wind-turbine-lubrication-and-maintenance-protecting-investments-in-renewable-energy

McComas, D.J., J.P. Carrico, B. Hautamaki, M. Intelisano, R. Lebois, M. Loucks, L. Policastri, M. Reno, J. Scherrer, N.A. Schwadron, M. Tapley, and R. Tyler, "A new class of long-term stable lunar resonance orbits: Space weather applications and the Interstellar Boundary Explorer," *Space Weather*, 9, S11002, doi: 10.1029/2011SW000704, 2011.

Swift, G.M., et al. "In-flight annealing of displacement damage in GaAs LEDs: A Galileo story," *IEEE Transactions on Nuclear Science*, Vol. 50, Issue 6 (2003).

"Geothermal Binary Plant Operation and Maintenance Systems with Svartsengi Power Plant as a Case Study,"

http://www.os.is/gogn/unu-gtp-report/UNU-GTP-2002-15.pdf

● マシンガンでジェットパックを作る

"Lecture L14—Variable Mass Systems: The Rocket Equation"

http://ocw.mit.edu/courses/aeronautics-and-astronautics/16-07-dynamics-fall-2009/lecture-notes/MIT16_07F09_Lec14.pdf

"[2.4] Attack Flogger in Service,"

http://www.airvectors.net/avmig23_2.html#m4

● 一定のペースで昇りつづける

Otis: "About Elevators,"

http://www.otisworldwide.com/pdf/AboutElevators.pdf

National Weather Service: "Wind Chill Temperature Index,"

http://www.nws.noaa.gov/om/windchill/images/wind-chill-brochure.pdf

"Prediction of Survival Time in Cold Air"——この資料の24ページの当該する表を参照した。

http://cradpdf.drdc-rddc.gc.ca/PDFS/zba6/p144967.pdf

Linda D. Pendleton, "When Humans Fly High: What Pilots Should Know About High-Altitude Physiology, Hypoxia, and Rapid Decompression."

http://www.avweb.com/news/aeromed/181893-1.html

●手短に答えるコーナー

"Currency in Circulation: Volume,"

http://www.federalreserve.gov/paymentsystems/coin_currcircvolume.htm

NOAA, "Subject: C5c, Why don't we try to destroy tropical cyclones by nuking them?"

http://www.aoml.noaa.gov/hrd/tcfaq/C5c.html

NASA, "Stagnation Temperature,"

http://www.grc.nasa.gov/WWW/BGH/stagtmp.html

●雷

"Lightning Captured @7, 207 Fps,"

http://www.youtube.com/watch?v=BxQt8ivUGWQ

NOVA, "Lightning: Expert Q&A,"

http://www.pbs.org/wgbh/nova/earth/dwyer-lightning.html

JGR, "Computation of the diameter of a lightning return stroke"

http://onlinelibrary.wiley.com/doi/10.1029/JB073i006p01889/abstract

●人間コンピュータ

"Moore's Law at 40,"

http://www.ece.ucsb.edu/~strukov/ece15bSpring2011/others/MooresLawat40.pdf

●王子さまの星

『星の王子さま』のマロリー・オートバーグによる素晴らしい別バージョンは、以下のブログエントリーを下までスクロールされたい。

http://the-toast.net/2013/08/02/texts-from-peter-pan-et-al/

Rugescu, Radu D., and Daniele Mortari, "Ultra Long Orbital Tethers Behave Highly Non-Keplerian and Unstable," *WSEAS Transactions on Mathematics,*

Vol. 7, No. 3, March 2008, pp. 87-94,
http://www.academia.edu/3453325/Ultra_Long_Orbital_Tethers_Behave_Highly_Non-Keplerian_and_Unstable

●ステーキを空から落として焼く

"Falling Faster than the Speed of Sound,"
http://blog.wolfram.com/2012/10/24/falling-faster-than-the-speed-of-sound

"Stagnation Temperature: Real Gas Effects,"
http://www.grc.nasa.gov/WWW/BGH/stagtmp.html

"Predictions of Aerodynamic Heating on Tactical Missile Domes,"
http://www.dtic.mil/cgi-bin/GetTRDoc?AD=ADA073217

"Calculation of Reentry-Vehicle Temperature History,"
http://www.dtic.mil/dtic/tr/fulltext/u2/a231552.pdf

"Back in the Saddle,"
http://www.ejectionsite.com/insaddle/insaddle.htm

"How to Cook Pittsburgh-Style Steaks,"
http://www.livestrong.com/article/436635-how-to-cook-pittsburgh-style-steaks

●ホッケーのパック

"KHL's Alexander Ryazantsev sets new 'world record' for hardest shot at 114 mph,"
http://sports.yahoo.com/blogs/nhl-puck-daddy/khl-alexander-ryazantsev-sets-world-record-hardest-shot-174131642.html

"Superconducting Magnets for Maglifter Launch Assist Sleds,"
http://www.psfc.mit.edu/~radovinsky/papers/32.pdf

"Two-Stage Light Gas Guns,"
http://www.nasa.gov/centers/wstf/laboratories/hypervelocity/gasguns.html

"Hockey Video: Goalies, Hits, Goals, and Fights,"
http://www.youtube.com/watch?v=fWj6—Cf9QA

●風邪

P. Stride, "The St. Kilda boat cough under the microscope,"
The Journal—Royal College of Physicians of Edinburgh, 2008; 38:272–9.

L. Kaiser, J. D. Aubert, et al., "Chronic Rhinoviral Infection in Lung Transplant Recipients," *American Journal of Respiratory and Critical Care Medicine*, Vol. 174; pp. 1392–1399, 2006, 10.1164/rccm.200604-489OC

Oliver, B. G. G., S. Lim, P. Wark, V. Laza-Stanca, N. King, J. L. Black, J. K. Burgess, M. Roth, and S. L. Johnston, "Rhinovirus Exposure Impairs Immune Responses To Bacterial Products In Human Alveolar Macrophages," *Thorax* 63, no. 6 (2008): 519–525.

● 半分空のコップ

"Shatter beer bottles: Bare-handed bottle smash,"
http://www.youtube.com/watch?v=77gWkl0ZUC8

● よその星の天文学者

The Hitchhiker's Guide to the Galaxy,
http://www.goodreads.com/book/show/11.The_Hitchhiker_s_Guide_to_the_Galaxy (『銀河ヒッチハイク・ガイド』安原英見訳、河出文庫)

"A Failure of Serendipity: The Square Kilometre Array will struggle to eavesdrop on Human-like ETI,"
http://arxiv.org/PS_cache/arxiv/pdf/1007/1007.0850v1.pdf

"Eavesdropping on Radio Broadcasts from Galactic Civilizations with Upcoming Observatories for Redshifted 21cm Radiation,"
http://arxiv.org/pdf/astro-ph/0610377v2.pdf

"The Earth as a Distant Planet a Rosetta Stone for the Search of Earth-Like Worlds,"
http://www.worldcat.org/title/earth-as-a-distant-planet-a-rosetta-stone-for-the-search-of-earth-like-worlds/oclc/643269627

"SETI on the SKA,"
http://www.astrobio.net/exclusive/4847/seti-on-the-ska

Gemini Planet Imager,
http://planetimager.org/

● DNAがなくなったら

Enjalbert, Françoise, Sylvie Rapior, Janine Nouguier-Soulé, Sophie Guillon, Noël Amouroux, and Claudine Cabot,
"Treatment of Amatoxin Poisoning: 20-Year Retrospective Analysis." *Clinical Toxicology* 40, no. 6 (2002): 715–757.
http://toxicology.ws/LLSAArticles/Treatment%20of%20Amatoxin%20Poisoning-20%20year%20retrospective%20analysis%20(J%20Toxicol%20Clin%20Toxicol%202002).pdf

Richard Eshelman, "I nearly died after eating wild mushrooms," *The Guardian* (2010).
http://www.theguardian.com/lifeandstyle/2010/nov/13/nearly-died-eating-wild-mushrooms

"Amatoxin: A review,"
http://www.omicsgroup.org/journals/2165-7548/2165-7548-2-110.php?aid=5258

●惑星間セスナ

"The Martian Chronicles,"
http://www.x-plane.com/adventures/mars.html

"Aerial Regional-Scale Environmental Survey of Mars,"
http://marsairplane.larc.nasa.gov/

"Panoramic Views and Landscape Mosaics of Titan Stitched from Huygens Raw Images,"
http://www.beugungsbild.de/huygens/huygens.html

"New images from Titan,"
http://www.esa.int/Our_Activities/Space_Science/Cassini-Huygens/New_images_from_Titan

本書は、2015年6月に早川書房より単行本『ホワット・イフ？　野球のボールを光速で投げたらどうなるか』として刊行された作品を二分冊し『ホワット・イフ？　Q1　野球のボールを光速で投げたらどうなるか』と改題、文庫化したものです。

元素をめぐる美と驚き(上・下)

――アステカの黄金からゴッホの絵具まで

ヒュー・オールダシー゠ウィリアムズ
松井信彦・他訳

Periodic Tales

ハヤカワ文庫NF

元素周期表に並ぶ各元素には、それぞれの特性ゆえの驚くほど豊かな物語が秘められている。歴史、地理、経済、美術、文学、映画、ファッションまで、元素は私たちの文化にいかに深くかかわってきたか。古今東西の逸話を満載した科学ノンフィクション。

解説/佐藤健太郎

音楽嗜好症
——脳神経科医と音楽に憑かれた人々

オリヴァー・サックス
大田直子訳

MUSICOPHILIA

音楽と人間の不思議なハーモニー

落雷による臨死状態から回復するやピアノ演奏にのめり込んだ医師、ナポリ民謡を聴くと必ず、痙攣と意識喪失を伴う発作に襲われる女性、指揮や歌うことはできても物事を数秒しか覚えていられない音楽家など、音楽に「憑かれた」患者を温かく見守る医学エッセイ。

猫的感覚
――動物行動学が教えるネコの心理

ジョン・ブラッドショー
羽田詩津子訳

Cat Sense

ハヤカワ文庫NF

感情をあらわにしないネコは一体何を感じ、何に基づいて行動しているのか? 人間動物関係学者である著者が、野生から進化したイエネコの一万年に及ぶ歴史から人間が考えるネコ像と実際の生態との違い、一緒に暮らすためのヒント、ネコの未来までを詳組に解説する総合ネコ読本。

〈数理を愉しむ〉シリーズ

天才数学者たちが挑んだ最大の難問
――フェルマーの最終定理が解けるまで

Fermat's Last Theorem

アミール・D・アクゼル
吉永良正訳

ハヤカワ文庫NF

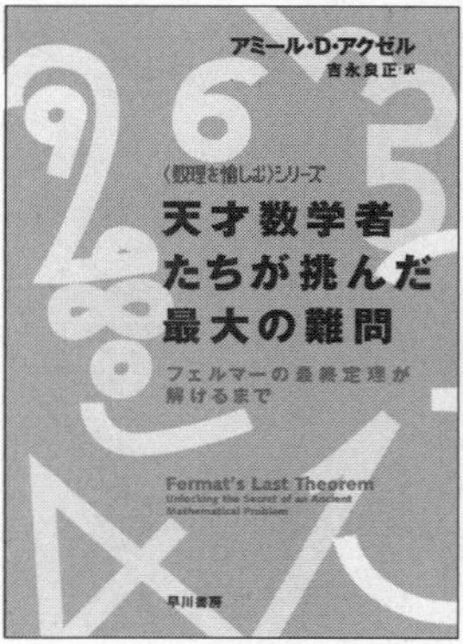

一七世紀に発見された「フェルマーの定理」は、三〇〇年のあいだ数学者たちを魅了し、鼓舞し、絶望へと追いこむことになる難問だった。古今東西の天才数学者たちが演ずるドラマを巧みに織り込んで、専門知識がなくても数学研究の面白さを追体験できる数学ノンフィクション。

〈数理を愉しむ〉シリーズ

ファインマンさんの流儀

Quantum Man

ローレンス・M・クラウス
吉田三知世訳

ハヤカワ文庫NF

量子世界を生きた天才物理学者

20世紀、万物の謎解きに飽くなき探求心で挑んだ奇想天外な量子物理学者がいた。ノーベル賞の受賞者ファインマンだ。抜群の直観力で独創的な理論を構築した彼の人物像と、量子コンピュータや宇宙物理など最先端科学に残した功績を人気サイエンスライターが描く。解説/竹内薫

〈数理を愉しむ〉シリーズ

SYNC（シンク）

なぜ自然はシンクロしたがるのか

無数の生物・無生物はひとりでにタイミングを合わせることができる。この同期という現象は最新のネットワーク科学とも密接にかかわり、そこでは思いもよらぬ別々の現象が「非線形数学」という橋で結ばれている。数学のもつ驚くべき力を解説する現代数理科学最前線。

スティーヴン・ストロガッツ
蔵本由紀監修・長尾 力訳

SYNC
ハヤカワ文庫NF

訳者略歴 京都大学理学部物理系卒業 英日・日英の翻訳業 訳書にマンロー『ホワット・イズ・ディス?』, クラウス『ファインマンさんの流儀』, タイソン『ブラックホールで死んでみる』(以上早川書房刊) 他多数

HM=Hayakawa Mystery
SF=Science Fiction
JA=Japanese Author
NV=Novel
NF=Nonfiction
FT=Fantasy

ホワット・イフ?
Q1　野球のボールを光速で投げたらどうなるか

〈NF551〉

二〇一九年十二月十日　印刷
二〇一九年十二月十五日　発行

（定価はカバーに表示してあります）

著　者　　ランドール・マンロー
訳　者　　吉　田　三　知　世
発行者　　早　川　　　浩
発行所　　株式会社　早　川　書　房

郵便番号　一〇一‐〇〇四六
東京都千代田区神田多町二ノ二
電話　〇三‐三二五二‐三一一一
振替　〇〇一六〇‐三‐四七七九九
https://www.hayakawa-online.co.jp

小社制作部宛お送り下さい。
乱丁・落丁はお取りかえいたします。

印刷・三松堂株式会社　製本・株式会社フォーネット社
Printed and bound in Japan
ISBN978-4-15-050551-6 C0140

本書のコピー、スキャン、デジタル化等の無断複製は著作権法上の例外を除き禁じられています。

本書は活字が大きく読みやすい〈トールサイズ〉です。